日本图解机械工学入门系列

从零开始学
机械力学

（原著第2版）

（日）门田和雄　长谷川大和◎著

王明贤　李牧◎译

U0217316

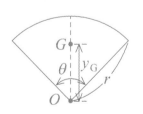

化学工业出版社

·北京·

内容简介

本书是机械工程的力学入门书。

本书介绍与机械工程相关的力学知识。机械力学是工科学生学习专业知识的基础，也是学习的难点。本书通过图解形式将难解的机械力学知识转变成通俗易懂的图形，再配合例题进行分析和解答，能够帮助读者很好地掌握机械力学的知识。

本书可作为机械类专业学生参考用书，也可作为对机械力学知识感兴趣的青少年、教师等的拓展阅读资料。

Original Japanese Language edition
ETOKI DE WAKARU KIKAI RIKIGAKU (DAI 2 HAN)
by Kazuo Kadota, Yamato Hasegawa
Copyright © Kazuo Kadota, Yamato Hasegawa 2018
Published by Ohmsha, Ltd.
Chinese translation rights in simplified characters arrangement with Ohmsha, Ltd.
through Japan UNI Agency, Inc., Tokyo

本书中文简体字版由株式会社欧姆社授权化学工业出版社独家出版发行。

本书仅限在中国内地（大陆）销售，不得销往中国香港、澳门和台湾地区。未经许可，不得以任何方式复制或抄袭本书的任何部分，违者必究。

北京市版权局著作权合同登记号：01-2020-2822

图书在版编目（CIP）数据

从零开始学机械力学/（日）门田和雄，（日）长谷川大和著；王明贤，李牧译. —北京：化学工业出版社，2020.8（2024.11重印）
（日本图解机械工学入门系列）
ISBN 978-7-122-37136-2

Ⅰ.①从⋯ Ⅱ.①门⋯ ②长⋯ ③王⋯ ④李⋯ Ⅲ.
①机械工程-工程力学 Ⅳ.①TH113

中国版本图书馆CIP数据核字（2020）第092913号

责任编辑：项 漱 王 烨　　　　　　文字编辑：林 丹 陈立璞
责任校对：王鹏飞　　　　　　　　　装帧设计：王晓宇

出版发行：化学工业出版社（北京市东城区青年湖南街13号　邮政编码100011）
印　　装：大厂回族自治县聚鑫印刷有限责任公司
710mm×1000mm　1/16　印张9¾　字数186千字　2024年11月北京第1版第5次印刷

购书咨询：010-64518888　　　　　　售后服务：010-64518899
网　　址：http://www.cip.com.cn
凡购买本书，如有缺损质量问题，本社销售中心负责调换。

定　　价：59.80元　　　　　　　　　　　　版权所有　违者必究

原著第2版前言

　　本书作为"简易图解机械"系列的图书之一，从2005年出版以来得到了许多读者的支持，并且实现重印和再版。本书涵盖了高中所学的全部力学知识，并说明机械力学的原理，我们非常高兴本书作为大学和高等职业学院的教科书而被广泛采用。

　　虽然机械力学的内容随着时代的变迁并没有太大的变化，但在第2版出版之际，除了检查文字内容、引入更易理解的描述之外，我们还在专栏中归纳了对学习力学有用的三角函数公式等。

　　本书如果能够给初涉机械工程领域的读者提供些许帮助，我们会感到非常高兴。

作者们　奉上

2018年2月

原著第1版前言

在进行机械设计时，首先要考虑的是所设计的机械要完成何种运动。具体地说，我们将应用齿轮、螺钉、轴承及弹簧等机械零件，建立一个一个机构并将其组合成机械，但机构设计的基础是力学。

力学属于物理学的一个分支领域，在高中的学习中所涉及的力和运动是力学的基础。然而，本书讲述的是与机械工程相关的力学。在本书中，我们将用高中力学所学的知识对设计机械所需的力学进行解说。因此，我们认为机械工程的初学者可以一边复习高中的力学知识，一边继续阅读本书。此外，虽然微分和积分没有出现在高中的物理学中，但本书根据需要，使用微分和积分进行说明时是在高中的数学水平上能够理解的。即使在学习其他的机械工程领域知识时，也希望通过本书学过的知识能理解书中所出现的微分和积分。当然，不要止于数学公式的罗列，要在大脑中完全意识到数学公式所具有的物理概念，能够充分用心"图解"学习。

已经开始学习机械工程的人，在以实际动手为目的，进行机械制造的时候，就能够加入工程技术人员的队伍了。在本书中未介绍诸如齿轮和螺钉等具体的机械零件。当然，即使是不太了解力学知识的人员，也能通过齿轮和螺钉的组合来制造一些能够运动的机械。但值得提醒的是，缺乏机械力学基础知识的人，进行机械制作不仅耗费时间，而且制造出的机械常常平衡性差、容易损坏。

我们是专门从事机械工程和物理教学的高中教师，并从事机械制作中涉及力学基础知识的指导教育。我们希望汇集自己已有经验而编写的这本书能成为那些刚刚开始学习机械工程的人们的良好入门书。

作者们　奉上
2005年7月

目　录

第 **1** 章

机械静力学基础

在构成机械的物体上一定有以某种形式存在的力作用于该物体。机械处于静止的状态，也就是由于作用于物体上的力处于平衡状态。研究这种关系的学科就是机械静力学（也称工程静力学）。

本章讲解机械静力学基础，通过力的性质和种类、力的合成与分解以及力的平衡条件，求出作用在机械各构件上的力，从而获得作用在静止机械上的力。

1.1

力

> 重要的是力的方向和大小！

.... 在研究力时，重点要考虑力的大小和方向。

❶ 力的三要素，即力的大小、力的方向、力的作用点。
❷ 力的种类包括重力、弹性力、张力、支持力、摩擦力及浮力等。

（1） 力的性质

　　力可使物体发生变形或者改变物体的运动状态（图1.1）。在力中有大小、方向和作用点这三个要素，通常称为**力的三要素**。如图1.2所示，用带箭头的直线表示作用在物体上的力。同时这种带箭头的有向线段具有大小和方向，称为**矢量**。在力的矢量中，用矢量方向表示力的方向、用矢量长度表示力的大小、用矢量的起点表示力的作用点。

　　力的大小的单位是N（牛顿）。1N就是使质量为1kg的物体产生 1 m/s^2 的加速度所需要的力。

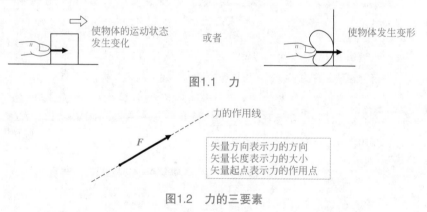

图1.1　力

图1.2　力的三要素

注：一般矢量用 **F**（黑体的英文字母）的形式表示。另外，矢量的大小用 **F** 的模表示。

（2） 各种力

作用在物体上的力有如下几种类型。

1）重力

地球上的所有物体都受到竖直向下的作用力，这种作用力称为**重力**（图1.3）。另外，具有质量的两个物体之间存在一定的引力，称为**万有引力**。

2）弹性力

如果对弹簧等物体施加外力，物体的变形就会随施加力的大小变化，而使变形的物体恢复原状的力，称为**弹性力**（图1.4）。

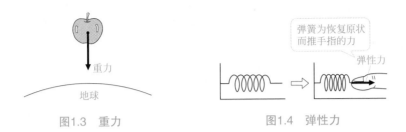

图1.3　重力

图1.4　弹性力

3）张力

用绳索悬挂物体时，绳索施加在物体上的力称为**张力**（图1.5）。当两个物体用绳连接起来时，作用在两个物体上的张力大小相等、方向相反。

4）支持力

置于地面上的物体受到地面的支持的力，这种力称为**支持力**（图1.6）。

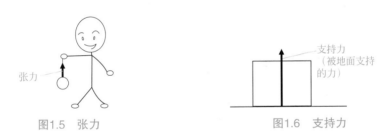

图1.5　张力

图1.6　支持力

5）摩擦力

物体运动或者有运动趋势时，阻碍运动且与运动方向相反的作用力，称为**摩擦力**（图1.7）。

6）浮力

物体在流体中受到的向上的作用力，称为**浮力**（图1.8）。

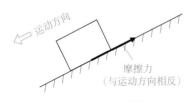

图1.7　摩擦力

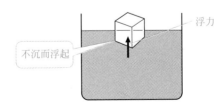

图1.8　浮力

1.2

力的合成与分解

哦，这可相当费力！

憋足力气进行力的分解或者合成。

❶ 力的合成与分解遵循平行四边形法则。

❷ 力的分解通常在xOy坐标系下进行。

（1）力的合成

物体在同时受到两个力的作用时，如何求得与两个力的作用效果相同的一个力？将作用在一个物体上的两个力合成为一个力时，称为**力的合成**，合成的力称为**合力**（图1.9）。

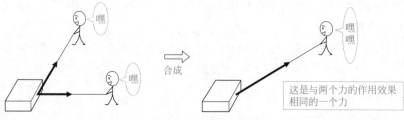

合成

这是与两个力的作用效果相同的一个力

图1.9　力的合成

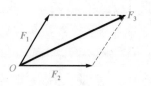

图1.10　依据平行四边形法则所进行的力的合成（1）

力是具有大小和方向的矢量。因此，力的合成并不是单纯的加法计算，而是按照矢量的合成规则进行的。只具有大小的物理量合成时，采用单纯的加法计算，而矢量的合成则采用**平行四边形法则**进行求解。下面考虑在原点受到作用力F_1和F_2的场合（图1.10和图1.11）。

合力F_3的方向为平行四边形的对角线方向，合力的大小就对应于这个平行四边形的对角线长度。这个关系用下面的公式表示。

$$F_3 = F_1 + F_2$$

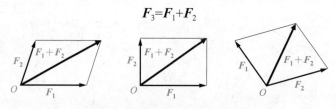

图1.11　依据平行四边形法则所进行的力的合成（2）

在进行多个力的合成时，可应用多边形的方法。这种方法是通过将一个力的矢量终点与另一个力的矢量始点重合来进行力的合成（图1.12）。

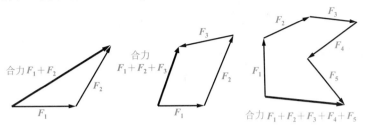

图1.12 利用多边形进行力的合成

(2) 力的分解

求两个力，使其作用在物体上产生的效果与一个单独力作用在物体上产生的效果相同，称为**力的分解**，这两个分解开的力称为**分力**。分力的求解可以按如下的顺序进行（图1.13）。

① 确定分解力的两个方向；

② 作出以单独力为对角线的平行四边形；

③ 含有力的始点的平行四边形的两边就是这个单独力的两个分力。

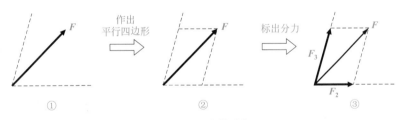

图1.13 力的分解

当以一个力为对角线进行平行四边形分解时，可以得到无数种分解的方式，这是毫无意义的。因此，进行力的分解时，往往采用坐标轴相互成直角的xOy坐标系。在xOy坐标系中，力F（合力）与x方向的夹角设为θ的话，分力F_x和F_y如图1.14所示。

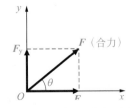

图1.14 力的xOy坐标系表示

因此，分力的大小表示如下：

$$F_x = F\cos\theta$$

$$F_y = F\sin\theta$$

相反，合力 F 的大小和方向为：

$$F = \sqrt{F_x^2 + F_y^2}$$

$$\tan\theta = \frac{F_y}{F_x}$$

F_x 和 F_y 随角度 θ 变化有可能会出现负值。

1.1 如图1.15、图1.16所示，在 O 点有两个作用力。请求解出合力的大小和方向。

①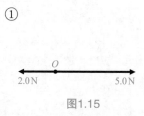

图1.15

②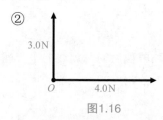

图1.16

解：

　　求解作用在一条直线上两个力的合力，当两个作用力的方向相同时是相加，方向相反时是相减。求解作用方向不同的两个力的合力时采用平行四边形法则。由此，合力分别如图1.17和图1.18所示。

①

图1.17

②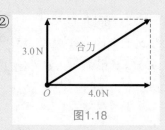

图1.18

合力的方向如图1.17和图1.18所示，合力的大小为：

① 5.0N−2.0N=3.0N

② 由直角三角形定理得 $\sqrt{3.0^2 + 4.0^2} = \sqrt{25} = 5.0$（N）

1.2 请求出图1.19所示力 F 的 x 方向分力和 y 方向分力。

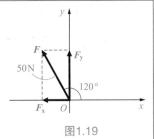

图1.19

解：

分力大小 F_x 和 F_y 分别为

$$F_x = F\cos120° = 50 \times \left(-\frac{1}{2}\right) = -25（\text{N}）$$

$$F_y = F\sin120° = 50 \times \frac{\sqrt{3}}{2} = 43（\text{N}）$$

在 xOy 坐标系中，力为负值时表示力的方向与坐标轴正方向相反。

★词汇解释★ 标量与矢量

在机械力学中出现的物理量分为：标量和矢量。

标量有质量、长度、面积、体积及能量等。

矢量有力、速度、加速度、位移、动量、转矩、角动量等。

在物理量为矢量的场合，要注意矢量的合成不可采用单纯的加法运算。

注意 图1.20的场合（例题1.1中②），合力的大小不能采用下式计算。

3.0 N + 4.0 N= 7.0 N

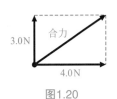

图1.20

专栏 SI单位 ······

单位采用全世界通用的SI（国际单位制），基本单位有长度（m）、质量（kg）及时间（s）。按照SI基本单位或辅助单位导出的单位称为导出单位，如表示速度（m/s）、加速度（m/s^2）及力（N=kg·m/s^2）等的单位。

1.3

転一圈就会
回到原来的
位置!

力的平衡

力沿着多边形轨迹进行转动，就又回到原点。

❶ 作用在一条直线上平衡的两个力大小相等、方向相反。

❷ 多个力平衡的条件是力形成封闭的多边形。

❸ 三个力的平衡用三力平衡汇交定理表示。

（1） 力的平衡条件

在一个物体上作用有两个力，且物体的运动状态不发生变化，就可以说这两个力处于平衡状态。这时，两个力之间存在着如图1.21所示那样在一条直线上、方向相反、大小相等的关系，用公式表示如下。

$$F_1 + F_2 = 0$$

在一个物体上作用有多个力时，如果作用在物体上的力的合力为零，物体就处于平衡状态。这种关系用公式表示如下：

$$F_1 + F_2 + F_3 + \cdots = \sum_i F_i = 0$$

式中，$\sum_i F_i$表示F_1、F_2、F_3等多个力的矢量和。由此，如果在x坐标和y坐标考虑平衡，平衡条件就可用下式表示（图1.22）。

$$F_{1x} + F_{2x} + F_{3x} + \cdots = \sum_i F_{ix} = 0 \qquad F_{1y} + F_{2y} + F_{3y} + \cdots = \sum_i F_{iy} = 0$$

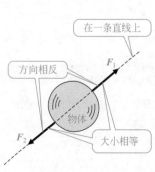

图1.21　力的平衡

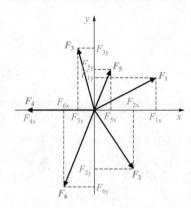

图1.22　力平衡的条件

分析多个力作用在一个物体上的平衡状态，可以用力的多边形法则分析各力（矢量表示）首尾顺次相接所构成的多边形是否是封闭状态进行确定（图1.23），即：

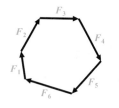

$$F_1 + F_2 + F_3 + F_4 + F_5 + F_6 = 0$$

图1.23　力的多边形

（2）汇交定理

如图1.24所示，作用在O点的F_1、F_2、F_3三个力处于平衡状态时，这三个力的大小和各力作用线之间的夹角α_1、α_2、α_3存在如下关系：

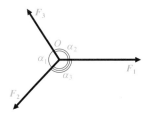

$$\frac{F_1}{\sin \alpha_1} = \frac{F_2}{\sin \alpha_2} = \frac{F_3}{\sin \alpha_3}$$

图1.24　汇交定理

上式就是**汇交定理**。

汇交定理的证明过程如下。

如图1.25所示，设定xOy坐标系。这时，计算各力的x坐标分力和y坐标分力，得：

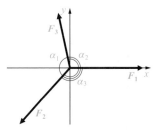

$F_{1x} = F_1 \qquad\qquad F_{1y} = 0$

$F_{2x} = F_2 \cos \alpha_3 \qquad F_{2y} = F_2 \sin \alpha_3$

$F_{3x} = F_3 \cos \alpha_2 \qquad F_{3y} = F_3 \sin \alpha_2$

图1.25　汇交定理的推导关系（1）

这时，在y坐标上，$F_2 \sin \alpha_3 = F_3 \sin \alpha_2$这一平衡关系成立，由此可得：

$$\frac{F_2}{\sin \alpha_2} = \frac{F_3}{\sin \alpha_3}$$

然后，如图1.26所示，将力F_3的方向设为x坐标轴的方向，则：

$F_{3x} = F_3 \qquad\qquad F_{3y} = 0$

$F_{2x} = F_2 \cos \alpha_1 \qquad F_{2y} = F_2 \sin \alpha_1$

$F_{1x} = F_1 \cos \alpha_2 \qquad F_{1y} = F_1 \sin \alpha_2$

因此，$F_2 \sin \alpha_1 = F_1 \sin \alpha_2$这一平衡关系成立，由此可得：

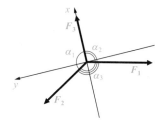

$$\frac{F_1}{\sin \alpha_1} = \frac{F_2}{\sin \alpha_2}$$

图1.26　汇交定理的推导关系（2）

这时，汇交定理表示为如下的形式：

$$\frac{F_1}{\sin\alpha_1} = \frac{F_2}{\sin\alpha_2} = \frac{F_3}{\sin\alpha_3}$$

1.3 如图1.27所示，用两根绳悬挂着10N的物体，两根绳与棚顶的夹角分别是30°、45°。这时，两根绳OA和OB的张力分别为$\boldsymbol{F}_{OA}$和$\boldsymbol{F}_{OB}$，用汇交定理求解出处于平衡状态的力。

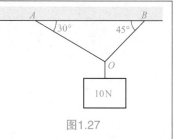

图1.27

解：

① 由力的平衡条件进行求解。将各个分力分别向x坐标轴和y坐标轴进行分解（图1.28）。

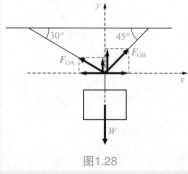

张力$\boldsymbol{F}_{OA}$的分解：

x坐标的分力大小：$-F_{OA}\cos30°$

y坐标的分力大小：$F_{OA}\sin30°$

张力$\boldsymbol{F}_{OB}$的分解：

x坐标的分力大小：$F_{OB}\cos45°$

y坐标的分力大小：$F_{OB}\sin45°$

重力$\boldsymbol{W}$在y坐标轴方向的大小为-10N。

由此，下列平衡条件成立。

图1.28

x坐标方向：

$$-F_{OA}\cos30° + F_{OB}\cos45° = 0$$

y坐标方向：

$$F_{OA}\sin30° + F_{OB}\sin45° - 10 = 0$$

联立上述两个方程式，就能求解出F_{OA}和F_{OB}。

$$F_{OA} = \left(\sqrt{3}-1\right)\times10 = 7.3 \ (\mathrm{N})$$

$$F_{OB} = \frac{\sqrt{6}}{2}\times\left(\sqrt{3}-1\right)\times10 = 9.0 \ (\mathrm{N})$$

② 由汇交定理进行求解。物体与悬挂绳之间的角度关系如图1.29所示，则下面的关系式成立。

$$\frac{F_{OA}}{\sin135°} = \frac{F_{OB}}{\sin120°} = \frac{10}{\sin105°}$$

由上式，可以求出F_{OA}和F_{OB}：

$$F_{OA} = \frac{10}{0.966} \times 0.707 = 7.3 （N）$$

$$F_{OB} = \frac{10}{0.966} \times 0.866 = 9.0 （N）$$

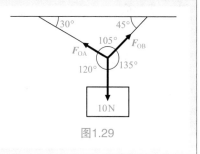

图1.29

★词汇解释★　SI单位的词头

在使用SI单位时，有时会出现单位过大或者过小的情况。这种时候，采用表1.1所示在单位前面添加词头的方法，表示单位的倍数或者分数。

表1.1　词头（辅助单位）

吉（G）	兆（M）	千（k）	百（h）	分（d）	厘（c）	毫（m）	微（μ）	纳（n）	皮（p）
10^9	10^6	10^3	10^2	10^{-1}	10^{-2}	10^{-3}	10^{-6}	10^{-9}	10^{-12}

专栏　艾萨克·牛顿

因提出万有引力定律和运动方程式等而闻名的艾萨克·牛顿（1642—1727）是英国的物理学家、数学家及天文学家，也被称为近代科学之父。牛顿在《自然哲学的数学原理》这一著作中这样描述了牛顿的三大定律。

定律1：

任何一个物体在不受任何外力或受到的力平衡时，总是保持匀速直线运动状态或静止状态。

定律2：

物体的运动变化与物体所受的外力成正比，与物体的质量成反比，速度变化的方向与外力的方向相同。

定律3：

相互作用的两个物体之间的作用力和反作用力总是大小相等、方向相反，作用在同一条直线上。

1.4

力矩

力矩是力臂和力的乘积。

❶ 力矩是表示力对物体产生转动作用的物理量。

❷ 平衡的条件是力和力矩两者都处于平衡的状态。

❸ 力偶是指大小相等、方向相反、**不在同一作用线上**的一对平行力。

（1）力矩的性质

作用在物体上并使其转动的力，称为**力矩**（或者称为**转矩**）。

如图1.30所示，有一中点支撑的杠杆，且杠杆的两端悬挂质量不同的重锤，这时杠杆向质量大的重锤方向倾斜。

然后，如果使质量大的重锤往杠杆的中心点方向移动，这时会发生何种现象？如果这时杠杆要继续保持静止状态，则两个重锤的重量（重力的大小）F_A、F_B和重锤与中点的距离l_A、l_B之间有$F_A l_A = F_B l_B$这一关系成立。为此，由$F_A l_A$和$F_B l_B$的大小关系来决定杠杆的旋转方向。这时，使杠杆旋转的作用力就是力矩。

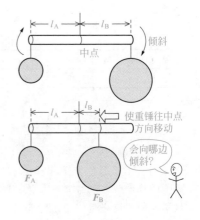

图1.30　力矩

如图1.31所示，设在物体上作用有大小为F（N）的力，旋转轴的中心在O点。从旋转轴的O点向这个力的作用线上引垂线，若这一垂线的长度为h（m），这时，力对O点的力矩大小M（N·m）为：

$$M = Fh \quad （\text{N·m}）$$

这时，力矩的正负定义为：围绕旋转轴逆时针方向为正，顺时针方向为负（图1.32）。

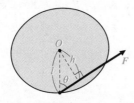

图1.31　力矩的大小

正　　负

图1.32　力矩的正负

如果设从点O到力F作用点的距离为l(m)，且l和F的夹角为θ，则由$h/l=\sin\theta$得到$h=l\sin\theta$。因此，这时关于点O的力矩大小M(N·m)表示为：

$$M=Fh\sin\theta\quad（N\cdot m）$$

在考虑旋转轴O的转动时，$l\sin\theta$并不是作用点到旋转轴之间的距离，而是垂直于力的作用线上的垂线长度（力臂）。

 1.4 在图1.33和图1.34所示的场合，请求出关于点O的力矩M。

①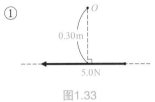

图1.33

②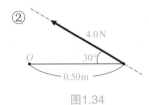

图1.34

解：

① 力矩M计算如下：

$$M=Fh=-5.0\times 0.30=-1.5\quad（N\cdot m）$$

② 力矩M计算如下：

$$M=Fh\sin\theta=4.0\times 0.50\times\frac{1}{2}=1.0\quad（N\cdot m）$$

（2） 合力矩定理

几个力同时作用在物体上产生力矩时，分别计算各个力对转动中心点O的力矩，然后进行求和计算即可。

当然，先进行力的合成，其作用效果也是一样的。因此，几个力对某一个点的力矩之和与其合力对该点的力矩相等。这就是**合力矩定理**（图1.35）。

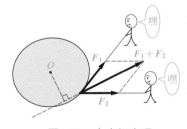

图1.35 合力矩定理

（3） 力矩的平衡

当数个力作用在静止的物体上，而这个物体没有发生转动的时候，作用在物体上的力矩之和为零。不考虑物体尺寸大小的平衡条件就只有合力等于零，而需要考虑物体尺寸的平衡条件则有以下两个。

① 合力为零（不出现平行运动的条件）。

② 关于任意点的力矩之和为零（不出现转动的条件）。

 1.5 如图1.36所示，用长度为0.50m的绳系在均质杆的一端进行悬吊，而在杆的另一端施加一个水平力 F(N)，使绳保持与铅垂线成30°夹角的平衡状态。请求解出这时水平力 F(N) 的大小、张力 T(N) 的大小以及杆与铅垂线的角度 φ。设杆的重力作用于杆的中点位置。

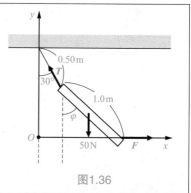

图1.36

解：

计算三个力的合力与相对于 O 点的力矩之和，由任意式为零的条件求出 F、T 的大小及 φ。

力的平衡条件：

在 x 坐标轴上　　$F + 0 + (-T\sin 30°) = 0$　　　　　　　　　（1）

在 y 坐标轴上　　$0 + (-50) + T\cos 30° = 0$　　　　　　　　（2）

力矩的平衡条件：

$$0 - 50 \times \left(0.50\sin 30° + \frac{1.0}{2}\sin \varphi\right) + T\sin 30° \times 1.0\cos \varphi + T\cos 30° \times 0.50\sin 30° = 0 \quad (3)$$

由式（2），得：

$$T = \frac{50}{\cos 30°} = 57.7 \approx 58 \ （N）$$

由式（1），得：

$$F = T\sin 30° = 50\tan 30° = 28.9 \approx 29 \ （N）$$

由式（3），得：

$$-50 \times 0.50\sin 30° - 50 \times \frac{1.0}{2}\sin \varphi + 50 \times 1.0\cos \varphi \tan 30° + 50 \times 0.50\sin 30° = 0$$

$$\tan \varphi = 2\tan 30° = \frac{2}{\sqrt{3}} = 1.15$$

由此，得到：

$$\varphi = 49°$$

（4）　平行力的合成

基于平行四边形法则就能够进行非平行的两个力的合成，但两个平行的力如何进行合成呢？

这时，设定两个力的合力，计算出合力相对于任意点的力矩，合力的力矩应该与合成前各力产生的力矩具有相同的作用效果，用如下的关系式表示（图1.37）。

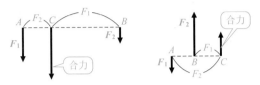

图1.37　平行力的合成

同方向平行力的合力：力的大小为F_1+F_2，力的作用点C以$F_2:F_1$的比例位于AB线段的**内分线**上。

反方向平行力的合力：力的大小为$|F_1-F_2|$，力的作用点C以$F_2:F_1$的比例位于AB线段的**外分延长线**上。

（5）　力偶

如图1.38（a）所示，作用在刚体上大小相等且方向相反的平行力，称为**力偶**。力偶的合力大小为零，但力矩不为零，即力偶有使物体转动的功效。

如图1.38（b）所示，作用在物体上的一对力偶，力的大小为F，作用线之间的距离为d，计算围绕点O的任意力矩M。若是考虑力沿作用线移动的话，力矩可用下式表示。

$$M=Fl_1+Fl_2$$

式中，l_1和l_2的位置如图1.38（b）所示。因为$l_1+l_2=d$，所以$l_1=d-l_2$。将其代入力矩的计算式，则：

$$M=F(d-l_2)+Fl_2=Fd$$

由此可见，力偶所产生的力矩就是力偶的大小F与两力作用线之间距离d的乘积。

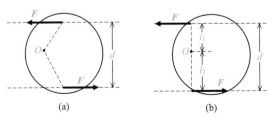

（a）　　　　　　　　　（b）

图1.38　力偶的力矩

1.5

力的支点和反力

如果没有反力，物体就会沉到泥土中去。

❶ 作用与反作用的定律就是"推"与"反推"的相互作用关系。

❷ 作用力与反作用力是大小相等、方向相反的。

(1) 反力

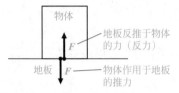

图1.39　作用与反作用的定律

如图1.39所示，当两个物体相互接触时，如果一个物体以力 F 推压另一个物体，另一个物体就会用力 F 反推这个物体。这时两个力是大小相等、方向相反的。但是，这与力的平衡的区别在于两个力分别作用于不同的物体，这称为**作用与反作用的定律**。另外，地板作用于物体的这个反推力称为**反力**。

(2) 支点

将支撑物体位置的点称为**支点**。如果有外力作用，反力就一定作用于支点上；如果物体处于静止状态，外力和反力就处于平衡状态。

在物体的任意点上，保持静止有以下条件。

> ① 合力（载荷与反力之和）是零。
> ② 所有横截面上的力矩之和都是零。

(3) 梁

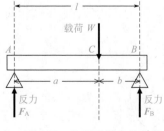

图1.40　作用在梁上的力

梁是细长构件，主要产生弯曲变形。如果从外部向梁施加载荷，支撑梁的支点就会出现反力作用。

在图1.40中，设两端支撑梁的自重可以忽略。如果在 C 点施加载荷 $W(N)$，在两端的支点 A、B 就会出现反力。根据这种反力 $F_A(N)$、$F_B(N)$ 的大小由力的平衡条件决定,可得：

$$W=F_A+F_B$$

另外，根据A点的力矩之和为零的条件，可得：

$$-Wa+F_Bl=0$$

这里，有$l=a+b$。

由此，求解出的反力如下：

$$F_B = \frac{Wa}{l} \ (\text{N})$$

$$F_A = W - F_B = \frac{Wb}{l} \ (\text{N})$$

1.6 如图1.41所示，请求解出支点A、B的反力$\boldsymbol{R}_A$、$\boldsymbol{R}_B$的大小。

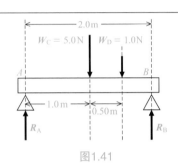

图1.41

解：

根据力的平衡条件，得知$W_C+W_D=5.0+1.0=R_A+R_B$

对于B点，由力矩平衡条件得：

$$W_C y+W_D z-R_A l=5.0\times1.0+1.0\times0.50-R_A\times2.0=0$$

由此，可得：

$$R_A = \frac{5.0\times1.0+1.0\times0.50}{2.0}=2.75\approx2.8 \ (\text{N})$$

$$R_B = 6.0-R_A=3.25\approx3.3 \ (\text{N})$$

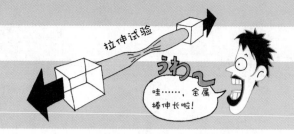

哇……，金属棒伸长啦！

1.6

胡克定律

································金属棒如同弹簧一样会伸缩。

❶ 材料具有弹性和塑性两种性质。

❷ 施加在材料上的载荷与其伸长量之间的关系称为胡克定律。

❸ 每种材料的弹性系数都有唯一的值。

（1）弹性和塑性

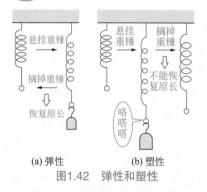

悬挂重锤

摘掉重锤

恢复原长

悬挂重锤

摘掉重锤

不能恢复原长

咯嗒嗒

(a) 弹性

(b) 塑性

图1.42　弹性和塑性

弹簧在施加载荷时会伸长，而一旦卸载的话，弹簧就恢复到原来的长度。材料所拥有的这种性质称为**弹性**。但是，当给弹簧施加过大的载荷而伸长时，即使载荷卸载了弹簧也不能恢复到原来的长度。这种性质称为**塑性**（图1.42）。当然，在金属材料上增加拉伸载荷的场合，也能显示出材料的弹性性质和塑性性质。

（2）胡克定律的性质

众所周知，在弹性的范围内载荷与伸长量成比例。例如，给弹簧施加大小为F（N）的力，弹簧只伸长x（m）时，两者之间存在一定的比例关系。采用某个**弹簧常数**k表示这个比例系数，这就是**胡克定律**。

$$F = kx （N）$$

在金属材料上施加拉伸载荷时，通常采用**应力**和**应变**来表示这种关系。在这里，应力σ(N/m^2)是指单位面积上的作用力，应变是物体受到载荷作用时，产生的变形量相对于原来长度的比值。这时，相当于弹簧常数的值称为**弹性系数**，弹性系数取决于材料本身的性质。弹性系数越大，该材料受到载荷时变形越难。

单向应力状态下，应力σ与形变ε（外力作用下，弹性体会发生形状的改变，称为形变）之比称为**弹性模量**（或杨氏模量），通常用E表示。这一关系可用下式表示。

$$\frac{\sigma}{\varepsilon} = E \quad \text{或者} \quad \sigma = E\varepsilon \quad (\text{N/m}^2)$$

$$\frac{应力}{应变} = 常数$$

（3） 泊松比

杆件单向受拉或受压时，在轴向产生应变 ε 的同时，也会在与沿轴向方向相垂直的方向上产生应变 ε_1（图1.43）。在弹性范围内，这两种应变间存在一定的比值关系，其比值称为**泊松比** μ。这种关系式用公式表示如下：

$$\mu = \frac{\varepsilon_1}{\varepsilon}$$

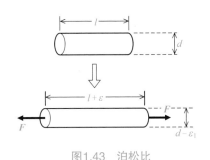

图1.43　泊松比

（4） 延性和脆性

大多数的金属材料在受到载荷作用时，先产生弹性变形，后发生塑性变形，然后断裂。这种性质称为**延性**。与此相对应，例如，给粉笔施加拉伸载荷使其断裂时，粉笔不发生延伸而断裂。工业上使用的混凝土或陶瓷等材料都具有这样的性质，这就是**脆性**。脆性材料受到载荷时会发生突然破坏且无明显变形。

专栏　罗伯特·胡克 ···

因胡克定律而闻名的罗伯特·胡克（1635—1703）是英国物理学家。作为英国皇家学会的实验室主任，他进行了各种各样的研究。胡克在显微镜与望远镜的领域留存有诸多研究成果，他在图示显微镜观察结果的《显微制图》一书中，用118幅图画详实地描绘了跳蚤、苍蝇、蜘蛛、蚂蚁等，给当时的人们巨大的震撼。

1.7

重心

 考虑重心保持平衡前进吧。

❶ 重心是重力在物体上的作用点。
❷ 重心的位置可以通过图解求出。

在分析物体的受力情况时，要考虑这个物体上重力的作用点处于哪个位置。重力的作用点称为**重心**。我们直观地可以感觉到球的重心位于其中心点、均质棒的重心位于棒的中心点。那么，如果是像棒球棒那样一头细一头粗的物体，重心处于哪个位置呢（图1.44）？

图1.44　重心

为了稳定地支撑起物体，最好是支持力与重力平衡，也就是要支撑在物体重力的作用线上。

如图1.45所示，考虑平板是由多个细小的单元构成的，这些单元上所作用的重力方向全部都是竖直向下的。这时，作用在整个物体上的重力的作用点就是在各单元上作用的平行力（重力）的合力。如图1.45所示，设定x轴、y轴以及坐标

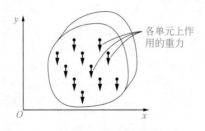

图1.45　重心的求法

原点 O，各单元的坐标为 (x_1, y_1)、(x_2, y_2)、(x_3, y_3)、$\cdots$、(x_n, y_n)，作用于各单元上的重力大小为 w_1、w_2、w_3、$\cdots$、w_n。

作用于物体上的重力大小 W（N）为：

$$W = w_1 + w_2 + w_3 + \cdots + w_n = \sum_i w_i \ （N）$$

在设 x 轴为水平的场合，围绕原点 O 的力矩 M 为：

$$M = -(w_1 x_1 + w_2 x_2 + \cdots + w_n x_n)$$

式中，负号（-）表示顺时针旋转。

假设重心的坐标为 (x_G, y_G)，则重心围绕原点 O 的力矩 M' 可用下式表示。

$$M' = -W_{x_G}$$

考虑力矩的作用效果相同，可以设 $M = M'$。因此，有：

$$-w_1 x_1 + w_2 x_2 + \cdots + w_n x_n = -W_{x_G}$$

$$x_G = \frac{w_1 x_1 + w_2 x_2 + \cdots + w_n x_n}{W} = \frac{w_1 x_1 + w_2 x_2 + \cdots + w_n x_n}{w_1 + w_2 + \cdots + w_n}$$

同样地考虑 y 轴的话，有：

$$y_G = \frac{w_1 y_1 + w_2 y_2 + \cdots + w_n y_n}{W} = \frac{w_1 y_1 + w_2 y_2 + \cdots + w_n y_n}{w_1 + w_2 + \cdots + w_n}$$

在密度和厚度一定的平面图形中，分割图形，若各自的面积分别为 s_1、s_2、s_3、$\cdots$、s_n，每单位面积的重力大小设为 ρ（N / m^2），则各单元的重量为 $w_1 = \rho s_1$、$w_2 = \rho s_2$、$w_3 = \rho s_3$、$\cdots$、$w_n = \rho s_n$。进而，因为总重量为 $W = \rho S = \rho(s_1 + s_2 + \cdots + s_n)$，所以重心的位置可用下式表示。

$$x_G = \frac{\rho s_1 x_1 + \rho s_2 x_2 + \cdots + \rho s_n x_n}{\rho S} = \frac{s_1 x_1 + s_2 x_2 + \cdots + s_n x_n}{s_1 + s_2 + \cdots + s_n} = \frac{\sum x_i s_i}{\sum s_i}$$

$$y_G = \frac{\rho s_1 y_1 + \rho s_2 y_2 + \cdots + \rho s_n y_n}{\rho S} = \frac{s_1 y_1 + s_2 y_2 + \cdots + s_n y_n}{s_1 + s_2 + \cdots + s_n} = \frac{\sum y_i s_i}{\sum s_i}$$

典型的平面图形的重心位置如表 1.2 所示。

表 1.2　各平面图形的重心位置

图形		重心位置
线	线段	$x_G = \dfrac{1}{2}$
	圆弧	$y_G = \dfrac{2r}{\theta}\sin\dfrac{\theta}{2}$ （θ的单位为 rad）
平面	三角形	$y_G = \dfrac{1}{3}h$
	长方形	$x_G = \dfrac{x}{2}$ $y_G = \dfrac{y}{2}$
	平行四边形	对角线的交点 $y_G = \dfrac{y}{2}$
	扇形	$y_G = \dfrac{4r}{3\theta}\sin\dfrac{\theta}{2}$ （θ的单位为 rad）
立体	棱锥	$y_G = \dfrac{h}{4}$
	圆锥	$y_G = \dfrac{h}{4}$
	半球	$y_G = \dfrac{3}{8}r$

1.7 请求解图1.46、图1.47所示图形的重心。

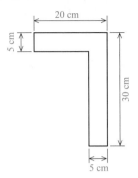

图1.46

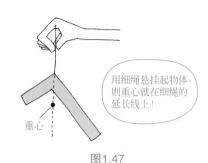

用细绳悬挂起物体，则重心就在细绳的延长线上！

重心

图1.47

解：

将物体分解成如图1.48所示的 A 和 B 两个物体。因为各自的重心都在长方形的中点，所以如图那样设定 x 轴和 y 轴的话，A 物体的重心位置 (x_{AG}, y_{AG}) 为：

$$x_{AG}=10 \qquad y_{AG}=27.5$$

B 物体的重心位置 (x_{BG}, y_{BG}) 为：

$$x_{BG}=17.5 \qquad y_{BG}=12.5$$

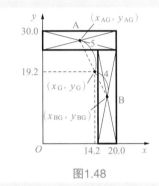

图1.48

因为 A 和 B 的质量比是 $m_A : m_B = 4 : 5$，所以这个物体的重心位置 (x_G, y_G) 为：

$$x_G = \frac{m_A x_{AG} + m_B x_{BG}}{m_A + m_B} = \frac{m_A \times 10 + \dfrac{5}{4} m_A \times 17.5}{m_A + \dfrac{5}{4} m_A} = \frac{31.88 m_A}{2.25 m_A}$$

$$= 14.2 \text{（cm）}$$

$$y_G = \frac{m_A y_{AG} + m_B y_{BG}}{m_A + m_B} = \frac{m_A \times 27.5 + \dfrac{5}{4} m_A \times 12.5}{m_A + \dfrac{5}{4} m_A} = \frac{43.13 m_A}{2.25 m_A}$$

$$= 19.2 \text{（cm）}$$

这是将 A、B 两物体重心连接成的线段以 5∶4 进行内分。

桁架结构是牢固的框架啊！

1.8

桁架

用组合成三角形的桁架能充分发挥材料的作用！

❶ 桁架是将直线状的杆件组合成的三角形骨架结构。
❷ 在桁架的结构计算中，有图解计算法和解析计算法两种方法。

(1) 桁架的性质

桁架是用图1.49所示那样直线状的**构件**组成的三角形骨架结构。连接构件和构件的点称为**节点**。构件彼此连接而成的桁架结构是构成结构的基本单元，在其节点上抵御外力的作用非常强，这从铁桥或机械框架的实例就能够理解。

用螺栓或铆钉等连接的节点称为**滑动节点**，全部采用滑动节点构成的骨架结构称为桁架。

与此相对，用焊接等方式连接，既不能转动也不能移动的节点称为**刚性节点**。框架是采用含有刚性节点连接方式构成的骨架结构，主要应用在建筑领域的结构中（图1.50）。

外力作用在桁架上时，因为节点能够自由地转动，所以在各构件上没有作用在构件截面上相互平行且方向相反的剪切力以及使构件发生弯曲的弯矩，也就是说桁架的受力特点是：结构内的力只有轴向力，而没有弯矩和剪切力；在节点产生反力。另外，构件为抵抗外力，就会产生试图恢复原状的内力（应力）。在这里，从节点伸出去方向的应力称为**拉应力**，压入节点方向的应力称为**压应力**（图1.51）。

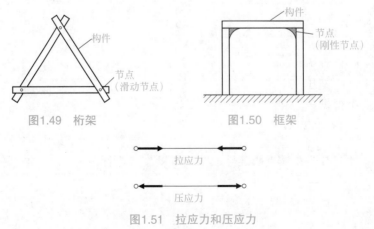

图1.49　桁架

图1.50　框架

图1.51　拉应力和压应力

桁架的结构计算实质上就是确定各构件的应力是拉应力还是压应力，进而求解出应力的大小。计算方法有很多种，这里主要采用图解计算法和解析计算法。

实际的结构物因为具有相当复杂的形状，所以采用计算机进行数值计算非常有效果。在桁架的结构数值计算中，思考的基本思路是学习已获得广泛应用的基于计算机进行数值分析的有限元方法（finite element method，FEM）。

（2）桁架的图解计算法

如图1.52（a）所示的桁架节点1，作用有向下的力 P，考虑构件A和构件B受到的应力是拉力还是压力？

当力 P 作用在节点1时，桁架保持静止的话，作用在节点1的各力就处于平衡状态。这时，平衡的各力就形成图1.52（b）所示的封闭三角形。

这种将作用在桁架上的力由作图方法进行求解的方法就称为图解计算法。

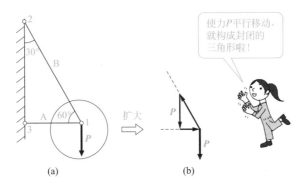

图1.52 桁架的图解方法

1.8 在图1.52中，当力 P 的大小为100N时，试确定构件A和构件B的应力是拉应力还是压应力，并求解出其力的大小。

解：

作出图1.53所示那样的封闭三角形，由图可见构件A受到的应力 F_A 是压应力，构件B受到的应力 F_B 是拉应力。力的大小根据三角形的边长比例关系计算，求解出的结果如下。

由 $P : F_A = \sqrt{3} : 1$，得：

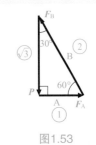

图1.53

$$F_A = \frac{1}{\sqrt{3}}P = 57.8\,(\text{N}) \qquad （压应力）$$

由 $P : F_B = \sqrt{3} : 2$，得：

$$F_B = \frac{2}{\sqrt{3}}P = 115.6\,(\text{N}) \qquad （拉应力）$$

（3） **桁架的解析计算法**

在图1.52中，将力分解成为水平方向（x 方向）和竖直方向（y 方向），建立力的平衡式，这种求解应力的方法称为桁架的**解析计算法**（图1.54）。

力在竖直方向的平衡：

$$P = F_B \sin 60°$$

$$F_B = P \times \frac{1}{\frac{\sqrt{3}}{2}} = 100 \times \frac{2}{\sqrt{3}} = 115.6\,(\text{N}) \qquad （拉应力）$$

力在水平方向的平衡：

$$F_A = F_B \cos 60°$$

$$= \frac{2}{\sqrt{3}}P \times \frac{1}{2} = \frac{P}{\sqrt{3}} = \frac{100}{\sqrt{3}} = 57.8\,(\text{N}) \qquad （压应力）$$

计算得到的结果与图解计算法得到的结果相同。

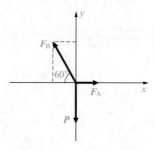

图1.54　桁架的解析计算法

1.9　在图1.55所示的桁架节点1作用有向下的力 P 的大小为100N，请求解出构件A、B、C的应力 N_A、N_B、N_C 的大小。

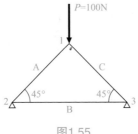

图1.55

解：

因为桁架是左右对称的结构，所以容易获得支点的反力都是50N。然后，在节点2上假定构件的应力如图1.56所示那样，建立力的平衡方程式。

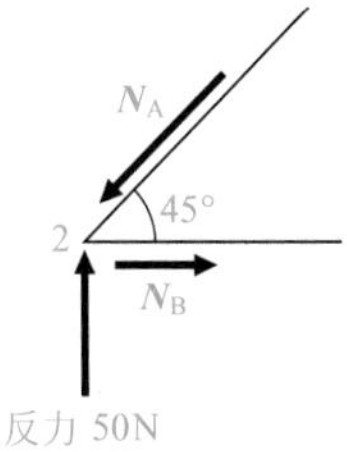

力在水平方向的平衡：

$$N_B = N_A \cos 45°$$

力在竖直方向的平衡：

$$N_A \cos 45° = 50 (N)$$

由上式得：

$$N_A = 50 \times \frac{2}{\sqrt{2}} = \frac{100}{\sqrt{2}} = 70.9 (N) \qquad （拉应力）$$

$$N_B = \frac{100}{\sqrt{2}} \times \frac{2}{\sqrt{2}} = 50.0 (N) \qquad （压应力）$$

由于计算结果都是正值，因此说明力的方向与假定的方向相同。

桁架是左右对称的，则：

$$N_C = N_A = 70.9 N \qquad （拉应力）$$

图1.56

习　题

习题1　如图1.57所示，在点 O 处有作用力 F_1 和 F_2，请求解出两个力的合力大小。

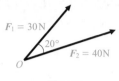

图1.57

习题2　如图1.58所示，在点 O 处有作用力 F。请将这个力分解为 x 轴方向和 y 轴方向的力，并求解出分力 F_x 和 F_y 的大小。

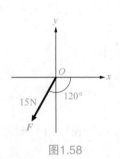

图1.58

习题3　力的作用如图1.59所示，并保持平衡的状态。请求解出这时线绳的张力 S 的大小和手牵引的力 F 的大小。

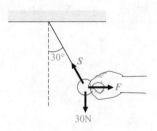

图1.59

习题4　如图1.60所示，力作用在物体上。请求解出绕 O 点旋转的力矩大小 M。

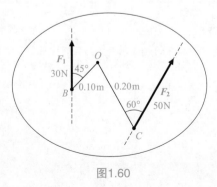

图1.60

习题5 在图1.61所示的场合，请求解出两个力的合力 F(N) 的大小和图中的长度 x(m)。

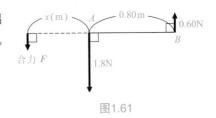

图1.61

习题6 如图1.62所示，墙壁和地面都是光滑的，可以忽略摩擦。这里，均质杆 AB 的长度为1.0m，重量为50N，如图那样立靠在墙壁上。在均质杆距离 A 点0.25m处悬挂有重量为25N的物体，为使均质杆不倒下，在 B 点施加水平方向的力 F。现设均质杆与墙壁的夹角为30°。

请求解出下面的力，单位为N。

① 墙壁作用于均质杆的支持力 N_1。

② 地面作用于均质杆的支持力 N_2。

③ 在 B 点施加的水平力 F。

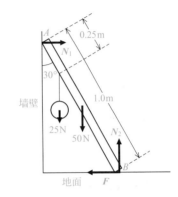

图1.62

习题7 桁架的受力如图1.63所示，请求解出作用在桁架的构件A上的力的大小和方向。设载荷 $P = 120$N。

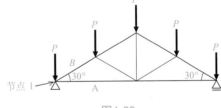

图1.63

习题8 请求解出图1.64所示物体的重心位置。

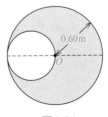

图1.64

（1）角度函数

在直角三角形中，如果知道直角以外的另一个角度的大小，就能求解出边长的比。一般有如下的关系成立（图1.65）。

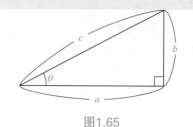

图1.65

角度函数：

$$\sin\theta = \frac{b}{c} \qquad \cos\theta = \frac{a}{c} \qquad \tan\theta = \frac{b}{a}$$

勾股定理：$a^2 + b^2 = c^2$

特殊角度的函数值见表1.3。

表1.3　特殊角度的函数值

角度	$\sin\theta$	$\cos\theta$	$\tan\theta$
30°	$\dfrac{1}{2}$	$\dfrac{\sqrt{3}}{2}$	$\dfrac{\sqrt{3}}{3}$
45°	$\dfrac{\sqrt{2}}{2}$	$\dfrac{\sqrt{2}}{2}$	1
60°	$\dfrac{\sqrt{3}}{2}$	$\dfrac{1}{2}$	$\sqrt{3}$

（2）三角函数

如图1.66所示，设定x轴和y轴，考虑以原点O为中心、半径为$r(\mathrm{m})$作圆。假设x轴正方向与线段OP所成的角度为θ（逆时针方向为正，顺时针方向为负），点P的坐标设为(x, y)，则三角函数如同角度函数那样定义。

三角函数：

$$\sin\theta = \frac{y}{r} \qquad \cos\theta = \frac{x}{r} \qquad \tan\theta = \frac{y}{x}$$

在三角函数中，无论角度θ的值如何变化，下面的关系总是成立的。

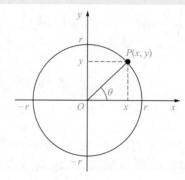

图1.66

① $\tan\theta = \dfrac{\sin\theta}{\cos\theta}$ $\left(\tan\theta = \dfrac{\sin\theta}{\cos\theta} = \dfrac{\frac{y}{r}}{\frac{x}{r}} = \dfrac{y}{x} \right)$

② $\sin(-\theta) = -\sin\theta, \quad \cos(-\theta) = \cos\theta, \quad \tan(-\theta) = -\tan\theta$

③ $\sin^2\theta + \cos^2\theta = 1$

$\left(\sin^2\theta + \cos^2\theta = \dfrac{y^2}{r^2} + \dfrac{x^2}{r^2} = \dfrac{y^2 + x^2}{r^2} = \dfrac{r^2}{r^2} = 1 \right)$

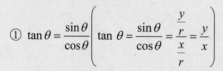

④ $\sin(\alpha \pm \beta) = \sin\alpha\cos\beta \pm \cos\alpha\sin\beta$ $\Big\}$ 加法定理

⑤ $\cos(\alpha \pm \beta) = \cos\alpha\cos\beta \mp \sin\alpha\sin\beta$

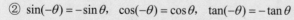

第 **2** 章

机械的运动学1
——质点的运动

为了描述机械的运动状态，需要确定某一时刻机械的位置。借助微分与积分的方法，就能够表述位移、速度及加速度等。

本章作为机械的运动学，学习直线运动、曲线运动、圆周运动以及进行往复运动与旋转运动转换的典型机构，并通过数学方法求解运动问题。

2.1

速度和加速度

短跑目标，百米10s！

哈 冲刺 冲刺

短跑竞赛中，重要的是起跑和冲刺时的加速。

要点

❶ 速度表示的是单位时间内的位置变化（位移）。

❷ 加速度表示的是单位时间内的速度变化。

❸ 速度方向是运动轨迹的切线方向，加速度方向是速度变化的方向。

(1) 速度

当在Δt(s)时间内运动Δx(m)时，物体的**平均速度**v(m/s)为$v = \dfrac{\Delta x}{\Delta t}$。然后，考虑微小的时间变化。当尽量缩短时间间隔$\Delta t$时，平均速度就接近**瞬时速度**。如果用微分表示，则瞬时速度v(m/s)表示如下：

$$v = \lim_{\Delta t \to 0} \frac{\Delta x}{\Delta t} = \frac{\mathrm{d}x}{\mathrm{d}t}$$

但是，在考虑物体的运动时，不仅只考虑物体的运动速度，还要考虑运动的方向。**速度**实际上是含有速率（速度的大小）和运动方向的矢量（图2.1）。

在曲线运动的场合，物体瞬间运动速度的方向始终是此时此刻运动轨迹（曲线）的切线方向。

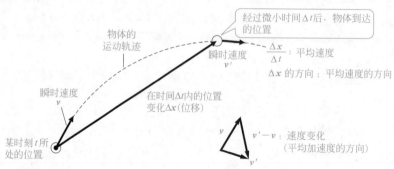

图2.1 速度的分析

(2) 加速度

加速度表示的是单位时间内速度的变化量，它与速度一样，都是矢量。当物体的速度在时刻t(s)为v(m/s)、时刻t'(s)变化为v'(m/s)时，此时的**平均加速度**为

$\dfrac{v'-v}{t'-t}$。假设 $v'-v=\Delta v$，将 t' 靠近 t，$\Delta t=t'-t$ 无限接近于 0 时的加速度 $a(\text{m/s}^2)$ 就是**瞬时加速度**，计算式表示如下：

$$a=\lim_{\Delta t\to 0}\frac{\Delta v}{\mathrm{d}t}=\frac{\mathrm{d}v}{\mathrm{d}t}=\frac{\mathrm{d}^2 x}{\mathrm{d}t^2}$$

二阶微分 $\dfrac{\mathrm{d}^2 x}{\mathrm{d}t^2}$ 就是 $\dfrac{\mathrm{d}}{\mathrm{d}t}\left(\dfrac{\mathrm{d}x}{\mathrm{d}t}\right)$ 的另一种表示形式。瞬时加速度的方向与 Δv 的方向一致。在匀速圆周运动的场合，加速度方向始终指向圆的中心。

 2.1 跑步的人用 14.0s 跑了 100m，求解其平均速度（图2.2）。

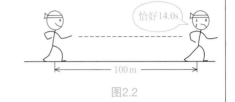

图2.2

解：

$$\frac{100}{14.0}=7.15\ (\text{m/s})$$

 2.2 汽车启动之后，用 30s 加速到 108km/h。请求解出平均加速度的大小 $a(\text{m/s}^2)$（图2.3）。

图2.3

解：

由 108km/h = 30m/s

得：$\dfrac{30-0}{30-0}=1.0\ (\text{m/s}^2)$

专栏　单位的换算

1m/s 就是物体在 1s 时间内行进了 1m。而 1h 就是 3600s，由此，物体 1h 就行进 3600m。根据 3600m=3.6km，则有 1m/s=3.6km/h。

第2章　机械的运动学1——质点的运动

2.2

匀速直线运动

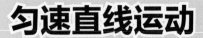

在云层上以匀速"嗖嗖地"运动。

❶ 匀速直线运动就是以一定的速度沿直线运动。

❷ x-t曲线的斜率就相当于速度v(m/s)。

❸ v-t曲线是平行于t轴的直线。

(1) 匀速直线运动的公式

以一定的速度沿着直线行进的运动称为**匀速直线运动**。物体以速度v_0(m/s)沿直线运动时间t(s)后的距离x(m)可以用下式表示。

$$x = v_0 t \ （m）$$

表示位置与时间关系的x-t曲线、表示速度和时间关系的v-t曲线如图2.4所示，x-t曲线的斜率相当于速度v(m/s)。

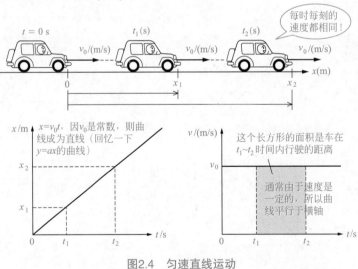

图2.4 匀速直线运动

如图2.4所示，小车以一定的速度v_0沿直线行进，下面的计算式成立。

$$v_0 = \frac{x_2 - x_1}{t_2 - t_1} \ (m / s)$$

由此，可得：

$$x_2 - x_1 = v_0 (t_2 - t_1)$$

匀速直线运动是物体以一定速度沿直线的运动，其加速度为0。由此，可得$a = \dfrac{\mathrm{d}v}{\mathrm{d}t} = 0$。将这一式对时间$t$进行积分的话，则有：

$$\int_{t_0}^{t} a\mathrm{d}t = \int_{t_0}^{t} \frac{\mathrm{d}v}{\mathrm{d}t}\mathrm{d}t = 0$$

由此，得：

$$\int_{v_0}^{v} \mathrm{d}v = v - v_0 = 0$$

不过，注意积分变量时间t由t_0变换为t，速度v由v_0变换为v。对于匀速直线运动，由于存在$v = v_0$的关系，将$v = v_0$对t进行积分的话，就能用下式表示。

等式左边：

$$\int_{t_0}^{t} v\mathrm{d}t = \int_{t_0}^{t} \frac{\mathrm{d}x}{\mathrm{d}t}\mathrm{d}t = \int_{x_0}^{x} \mathrm{d}x = x - x_0$$

等式右边：

$$\int_{t_0}^{t} v_0\mathrm{d}t = v_0 \int_{t_0}^{t} \mathrm{d}t = v_0 t - v_0 t_0$$

如果设$t_0 = 0$，$x_0 = 0$，利用上述匀速直线运动的公式，就能得出$x = v_0 t$。

2.3 汽车在时间t(s)的位置x(m)用$x = 5.0t + 3.0$给出。请绘出这辆汽车的x-t曲线，并给出速度。另外，请就t进行微分求出速度。

解：

曲线如图2.5所示，这条曲线的斜率则表示速度。由此，速度是5.0 m/s。

将x对t进行微分，得：

$$v = \frac{\mathrm{d}x}{\mathrm{d}t} = \frac{\mathrm{d}(5.0t + 3.0)}{\mathrm{d}t}$$

$$= \frac{\mathrm{d}(5.0t)}{\mathrm{d}t} + \frac{\mathrm{d}(3.0)}{\mathrm{d}t}$$

$$= 5.0\frac{\mathrm{d}t}{\mathrm{d}t} = 5.0 \ (\mathrm{m/s})$$

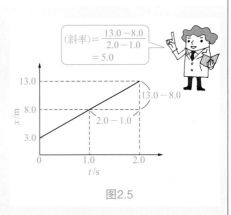

（斜率）$= \dfrac{13.0 - 8.0}{2.0 - 1.0} = 5.0$

图2.5

借助于风的力量，继续前行！

2.3

相对运动

 .... 帆船在海面上无论遇到什么样的波浪都能行进。

❶ 速度是矢量，其合成、分解遵从平行四边形法则。
❷ 在观察者静止和运动的场合，观察到的物体运动状态不同。

（1）速度合成

速度也与力一样，是具有大小（速率）和方向的矢量。因此在分析速度时，不仅要考虑速率，也必须考虑方向。

某条船在静止的水面上行驶速度为v_A，当这条船横渡水流速度为v_B的河流时，在岸上观察的船的运动速度就是两个速度的合成（图2.6）。

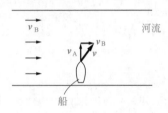

图2.6 速度的合成

合成的速度对应于以两个速度为边长的平行四边形的对角线（平行四边形定律）。这种关系可用下式表示。

$$v = v_A + v_B$$

（2）相对速度

在说物体的速度时，通常意味着静止的观察者所看到的物体的速度。但是，如果观察者正在运动的话，所看到的物体的速度理所当然地与观察者静止时的速度不同。

如图2.7所示，若物体B的速度为v_B、观察者A的速度为v_A，则观察者A看到的物体B的速度（**相对速度**）可用下式表示。

$$v_{AB} = v_B - v_A = v_B + (-v_A)$$

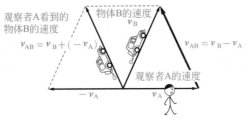

观察者A看到的
物体B的速度

$v_{AB} = v_B + (-v_A)$

物体B的速度
v_B

$v_{AB} = v_B - v_A$

观察者A的速度

$-v_A$ v_A

图2.7　相对速度

例题 2.4　飞机以空速（相对于空气的速度）400km/h向正南方向飞行，受到来自正东方向的气流（速度为30m/s）的影响。请求解出飞机飞行的地面速度（相对于地面的速度）。

解：

如图2.8所示，设飞机的空速为v'_A、气流的速度为v、地面速度为v_A，则飞行的地面速度写成$v'_A = v_A - v$，可改写成$v_A = v'_A + v$。

飞机的空速和气流的速度如图2.8所示。

由于30m/s = 30×3.6km/h = 108km/h，则：

$$\tan\theta = \frac{108}{400} = 0.280 \quad \arctan 0.280 = 15.6°$$

因此，飞机的地面速度方向是正南偏西15.6°，大小为：

$$v_A = \sqrt{v'_A{}^2 + v^2} = \sqrt{400^2 + 108^2}$$
$$\approx 414 \text{ (km/h)}$$

飞机

气流的速度
v

东

θ

空速
v'_A

南

$v_A = v'_A + v$
地面速度

图2.8

2.4

匀加速运动

 .... 微积分是表示运动的工具。

❶ 匀加速运动就是加速度保持一定的运动。

❷ 在初始条件已知时，能确定速度和位置等。

（1）匀加速运动的公式

在物体以一定的加速度运动时，称这个物体进行**匀加速运动**。如同始动的电车那样，速度以一定比例变化的运动、落体运动、匀速圆周运动等都是匀加速运动。以下对图2.9所示的在一条直线上运动的物体进行分析。

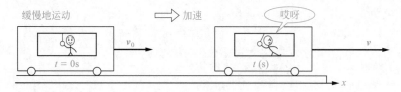

图2.9　匀加速运动

物体在时间 $t = 0$ s时，速度为 v_0(m/s)，加速后速度以一定的比例变化，在 t(s) 时刻达到 v(m/s)。这时，加速度大小 a 由定义可以写成 $a = \dfrac{v - v_0}{t - 0}$。改变公式的表达方式，则：

$$v = v_0 + at$$

这一运动的 $v\text{-}t$ 曲线表示为图2.10的形式。

在这里，图2.10中 $v\text{-}t$ 曲线的时间 t 所包围的面积相当于 $0\sim t$ 时刻的位置变化（位移）。因此，求 $0\sim t$ 时刻的位置变化（位移） x 只要求解出这一被包围的梯形面积即可。

$$x = \frac{v_0 + (v_0 + at)}{2} t = \frac{2v_0 t + at^2}{2}$$

由此，得：

$$x = v_0 t + \frac{1}{2} at^2$$

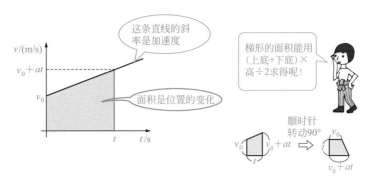

图2.10　匀加速运动的$v\text{-}t$曲线

联立$v = v_0 + at$、$x = v_0 t + \dfrac{1}{2}at^2$两式可消去$t$，即由$v = v_0 + at$得到$t = (v - v_0)/a$。将其代入$x = v_0 t + \dfrac{1}{2}at^2$，得到：

$$x = v_0 t + \frac{1}{2}at^2 = v_0 \frac{v - v_0}{a} + \frac{1}{2}a\left(\frac{v - v_0}{a}\right)^2$$

$$= \frac{vv_0 - v_0^2}{a} + \frac{v^2 - 2vv_0^2 + v_0^2}{2a} = \frac{v^2 - v_0^2}{2a}$$

在公式的两边都乘以$2a$，得到：

$$v^2 - v_0^2 = 2ax$$

因此，在匀加速运动中，下面三式成立。

$$v = v_0 + at \ (\text{m/s})$$
$$x = v_0 t + \frac{1}{2}at^2 \ (\text{m})$$
$$v^2 - v_0^2 = 2ax \ (\text{m}^2/\text{s}^2)$$

（2）微积分的利用

利用微积分表示的加速度数学式，能够推导出3个公式。

加速度的数学表达式为$a = \dfrac{\mathrm{d}v}{\mathrm{d}t}$。将公式的两边都对时间$t$(s)进行积分的话，就变成$\displaystyle\int_0^t a\,\mathrm{d}t = \int_0^t \frac{\mathrm{d}v}{\mathrm{d}t}\mathrm{d}t$。我们现在分析的是匀加速运动，所以可以认为$a$是定值，不随$t$变化。

方程式左边的积分：

$$\int_0^t a\mathrm{d}t = a\int_0^t \mathrm{d}t = at$$

方程式右边的积分：

$$\int_0^t \frac{\mathrm{d}v}{\mathrm{d}t}\mathrm{d}t = \int_{v_0}^v \mathrm{d}v = v - v_0$$

在计算等式的右边时，要注意到积分变量t由0变换为t时，速度由v_0（初速度）变换为v。由此得：

$$v - v_0 = at$$

即：

$$v = v_0 + at$$

这里，将得到的$v = v_0 + at$继续对时间t进行积分。也就是说，考虑如下计算式的积分。

$$\int_0^t v\mathrm{d}t = \int_0^t v_0\mathrm{d}t + \int_0^t at\mathrm{d}t$$

这里，速度v能够写成$v = \dfrac{\mathrm{d}x}{\mathrm{d}t}$，然后由于$v_0$、$a$是常数，则方程式的左边为：

$$\int_0^t v\mathrm{d}t = \int_0^t \frac{\mathrm{d}x}{\mathrm{d}t}\mathrm{d}t = \int_0^x \mathrm{d}x = x$$

注意到在积分变量t由0变换到t时，位移由x_0（初始位移）变换到x。
方程式的右边为：

$$\int_0^t v_0\mathrm{d}t + \int_0^t at\mathrm{d}t = v_0\int_0^t \mathrm{d}t + a\int_0^t t\mathrm{d}t = v_0t + \frac{1}{2}at^2$$

由此，进而得到：

$$x = v_0t + \frac{1}{2}at^2$$

通过上述二式，能够推导出$v^2 - v_0^2 = 2ax$。

这次反过来用时间t对匀加速直线运动方程式$x = v_0t + \dfrac{1}{2}at^2$进行微分，有

$$\frac{\mathrm{d}}{\mathrm{d}t}(x) = \frac{\mathrm{d}}{\mathrm{d}t}\left(v_0t + \frac{1}{2}at^2\right)$$

$$\frac{\mathrm{d}x}{\mathrm{d}t} = \frac{\mathrm{d}}{\mathrm{d}t}(v_0 t) + \frac{\mathrm{d}}{\mathrm{d}t}\left(\frac{1}{2}at^2\right)$$

$$\frac{\mathrm{d}x}{\mathrm{d}t} = v_0 \frac{\mathrm{d}}{\mathrm{d}t}(t) + \frac{1}{2}a\frac{\mathrm{d}}{\mathrm{d}t}\left(t^2\right)$$

在微分中 $\frac{\mathrm{d}}{\mathrm{d}t}\left(t^n\right) = nt^{n-1}$ 这一关系成立，由 $\frac{\mathrm{d}x}{\mathrm{d}t} = v$，能够得到匀加速直线运动的计算式 $v = v_0 + at$。进而，用 t 微分这一方程式可得：

$$\frac{\mathrm{d}}{\mathrm{d}t}(v) = \frac{\mathrm{d}}{\mathrm{d}t}(v_0 + at)$$

由于 v_0、a 都是常数，上式改写为：

$$\frac{\mathrm{d}v}{\mathrm{d}t} = v_0 \frac{\mathrm{d}}{\mathrm{d}t}(1) + a\frac{\mathrm{d}}{\mathrm{d}t}(t)$$

则：

$$\frac{\mathrm{d}v}{\mathrm{d}t} = a \quad （a是常数）$$

从上述推导可以看出，对于理解力学来说，微分和积分是非常重要的。高中物理中出现的力学公式都可以用微分和积分推导出来。

专栏 微分与积分

位移对时间求导，能求解出速度：$\frac{\mathrm{d}x}{\mathrm{d}t} = v$

速度对时间求导，能求解出加速度：$\frac{\mathrm{d}v}{\mathrm{d}t} = a$（常数）

加速度对时间积分，能求解出速度：$\int a\mathrm{d}t = \int \frac{\mathrm{d}v}{\mathrm{d}t}\mathrm{d}t = v$

速度对时间积分，能求解出位移：$\int v\mathrm{d}t = \int \frac{\mathrm{d}x}{\mathrm{d}t}\mathrm{d}t = x$

2.5

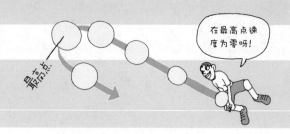

落体运动

分析重力的加速度，建立方程式。

❶ 落体运动的加速度大小是9.8m/s²，称为重力加速度g。

❷ 落体运动是匀加速运动，在匀加速运动的算式中将a替换为g即可得到落体运动的方程式。

在地球上物体进行落体运动的加速度总是一定的，方向是竖直向下的，大小为9.8m/s²，用g表示，称为**重力加速度**。落体运动分为几种类型，但都能够用匀加速直线运动的方程式来求解。

(1) 自由落体运动

初始速度为0的落体运动称为**自由落体运动**。如图2.11所示，若设竖直向下的方向为正，因为初始速度为0，加速度大小是+g，所以由匀加速直线运动的方程式，有以下关系成立。

$$v = gt$$
$$y = \frac{1}{2}gt^2$$
$$v^2 = 2gy$$

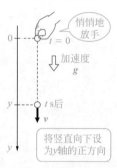

图2.11　自由落体运动

(2) 竖直向下抛出

如图2.12所示，在以初始速度 v_0 竖直向下抛出物体的情况下，若设竖直向下的方向为正，由于初始速度大小为 v_0，加速度大小是+g，则有以下关系成立。

$$v = v_0 + gt$$
$$y = v_0 t + \frac{1}{2}gt^2$$
$$v^2 - v_0^2 = 2gy$$

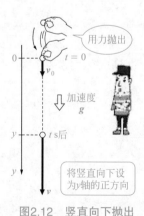

图2.12　竖直向下抛出

如图2.13所示，在以初始速度v_0竖直向上投出物体的场合，若设竖直向上的方向为正，由于加速度大小是$-g$，则有以下关系成立。

$$v = v_0 - gt$$

$$y = v_0 t - \frac{1}{2}gt^2$$

$$v^2 - v_0^2 = -2gy$$

图2.13 竖直向上投出

 2.5 将物体以初始速度$v_0 = 19.6 \text{ m/s}$竖直向上抛出。请求解到达最高点的时刻$t_1(\text{s})$和最高点的高度$H(\text{m})$。另外，求解回到原来高度的时刻$t_2(\text{s})$（图2.14）。在此，设重力加速度的大小为9.8m/s^2。

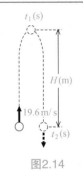

图2.14

解：

在最高点处，因为$v = 0 \text{ m/s}$，所以由式$v = v_0 - gt$得：

$$0 = 19.6 - 9.8t_1$$

由此，求出t_1。

$$t_1 = \frac{19.6}{9.8} = 2.0 \text{ (s)}$$

另外，由式$y = v_0 t - \frac{1}{2}gt^2$得最高点的高度$H(\text{m})$：

$$H = 19.6 \times 2.0 - \frac{1}{2} \times 9.8 \times 2.0^2 = 39.2 - 19.6 = 19.6 \text{ (m)}$$

进而，原来的高度就是$y = 0 \text{ m}$，这一时刻$t_2(\text{s})$的计算式如下：

$$0 = 19.6t_2 - \frac{1}{2} \times 9.8t_2^2$$

由上式整理出$t_2(t_2 - 4) = 0$，由于$t_2 \geqslant 0$，则：

$$t_2 = 4.0\text{s}$$

2.6

抛物线运动

表示物体运动轨迹的抛物线。

❶ 水平投出的物体在水平方向上做匀速直线运动，在竖直方向上做自由落体运动。

❷ 倾斜投出的物体在水平方向上做匀速直线运动，在竖直方向上做竖直向上投出的运动。

❸ 运动的轨迹为抛物线，速度的方向为抛物线的切线方向。

众所周知，将物体沿水平方向或倾斜方向投出，物体就会划出**抛物线**的轨迹而落地。这种运动称为**抛物线运动**。看上去抛物线运动是非常复杂的，但如果将运动分解来分析的话，就会发现这是一些简单运动的组合。

⑴ 水平抛投

如图2.15所示，将物体以初始速度 v_0 沿水平方向投出，物体大致会描绘出什么样的轨迹呢？如果用 xOy 坐标来分析物体位置随时间的变化，就会发现物体在水平方向上（x 方向）做匀速运动，在竖直方向上（y 方向）做自由落体运动。

设物体在 $t = 0\,\mathrm{s}$ 时刻的位置为 $(0,0)$，经过 $t(\mathrm{s})$ 时间后，若物体的位置设为 (x, y)、速度设为 (v_x, v_y) 的话，则有：

$$x = v_0 t \qquad v_x = v_0$$
$$y = \frac{1}{2} g t^2 \qquad v_y = g t$$

在式 $y = \frac{1}{2} g t^2$ 中，代入 $t = \dfrac{x}{v_0}$，并消去 t，得：

$$y = \frac{1}{2} g t^2 = \frac{1}{2} g \left(\frac{x}{v_0} \right)^2 = \frac{g}{2 v_0^2} x^2$$

由上式可知，物体描绘出的运动轨迹为二次函数（抛物线）。物体在运动 $t(\mathrm{s})$ 时间后的速

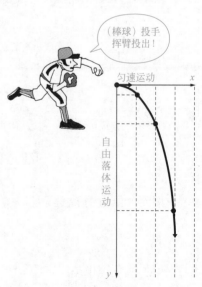

图2.15 水平抛投

度v(m/s)为：

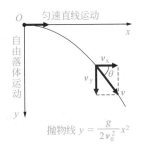

$$v = \sqrt{v_x^2 + v_y^2} = \sqrt{v_0^2 + g^2 t^2}$$

速度的方向如图2.16所示，用角度θ来表示就能得到：

$$\tan\theta = \frac{v_y}{v_x} = \frac{gt}{v_0}$$

抛物线 $y = \dfrac{g}{2v_0^2}x^2$

图2.16　水平抛投的速度矢量

这时，速度的方向为轨迹的切线方向。

2.6　在高度为49m的楼房的顶部，以初始速度10m/s水平方向投出物体。这时，请求解出物体落到地面的时间t(s)、水平移动的距离l(m)（图2.17）。重力加速度设为9.8m/s^2。

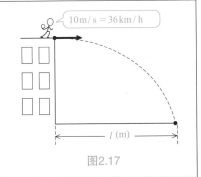

$10\text{m/s} = 36\text{km/h}$

l (m)

图2.17

解：

由$y = \dfrac{1}{2}gt^2$得物体落到地面的时间t(s)为：

$$49 = \frac{1}{2} \times 9.8 \times t^2 \quad t^2 = 10$$

因此　　$t = \sqrt{10} = 3.2$ (s)

在水平方向，因为可以看出是以初始速度10m/s做匀速直线运动，所以水平移动的距离l(m)为：

$$l = v_0 t = 10 \times 3.2 = 32 \text{ (m)}$$

（2）　倾斜抛投

将物体以初始速度v_0向倾斜方向（倾斜的角度θ_0只能位于水平方向的上方）抛出的话，物体做抛物线运动而落地。这种运动实际上可以分解为在水平方向上进行匀速运动和在竖直方向上进行竖直向上投出的运动。如何描述这种时候的抛物线轨迹运动方程式呢？先将初始速度v_0分解为x方向、y方向。

$$v_{0x} = v_0 \cos\theta_0$$
$$v_{0y} = v_0 \sin\theta_0$$

如图2.18所示，设定x坐标轴和y坐标轴，如果设$t = 0$s时刻物体的位置为$(0,0)$，经过t(s)时间后，物体的位置为(x,y)、速度为(v_x,v_y)的话，因为在水平方向上可以认为是做匀速直线运动，则有：

$$v_x = v_{0x} = v_0 \cos\theta_0 \tag{1}$$

$$x = v_{0x}t = v_0 \cos\theta_0 t \tag{2}$$

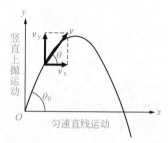

图2.18　倾斜投出的速度矢量

在竖直方向，由于可以认为是做落体运动，则：

$$v_y = v_{0y} - gt = v_0 \sin\theta_0 - gt \tag{3}$$

$$y = v_{0y}t - \frac{1}{2}gt^2 = v_0 \sin\theta_0 t - \frac{1}{2}gt^2 \tag{4}$$

由式（2），得：

$$t = \frac{x}{v_0 \cos\theta_0}$$

将其代入式（4），消去t，则

$$y = v_0 \sin\theta_0 \frac{x}{v_0 \cos\theta_0} - \frac{1}{2}g\left(\frac{x}{v_0 \cos\theta_0}\right)^2 = \tan\theta_0 x - \frac{1}{2} \times \frac{g}{v_0^2 \cos^2\theta_0}x^2 \tag{5}$$

这一式表明倾斜抛投与水平抛投一样，y也是x的二次函数，运动轨迹为抛物线。

物体在时间t(s)后的速度大小v(m/s)为：

$$v = \sqrt{v_x^2 + v_y^2} = \sqrt{v_0^2 \cos^2\theta_0 + (v_0 \sin\theta_0 - gt)^2}$$

速度的方向如图2.18所示选择夹角θ的话，则有：

$$\tan\theta = \frac{v_y}{v_x} = \frac{v_0 \sin\theta_0 - gt}{v_0 \cos\theta_0}$$

也就是说，速度的方向为轨迹的切线方向。

2.7 在倾斜抛投的场合，请求解出抛投角θ_0为多少时物体飞得最远。另外，求解出那时水平移动的距离。

解：

设初始速度为v_0，初始速度的x分量v_{0x}和y分量v_{0y}大小分别为：

$$v_{0x} = v_0 \cos\theta_0$$
$$v_{0y} = v_0 \sin\theta_0$$

因为物体在水平方向上做匀速直线运动，所以t(s)时间后的位移x(m)为：

$$x = v_0 \cos\theta_0 t$$

在竖直方向上，物体做与竖直向上抛出同样的运动，则：

$$v_y = v_0 \sin\theta_0 - gt$$
$$y = v_0 \sin\theta_0 t - \frac{1}{2}gt^2$$

水平到达的距离是分析$y = 0$的时间t，并将这一时间t代入水平方向的计算式。由$y = 0$，有：

$$0 = v_0 \sin\theta_0 t - \frac{1}{2}gt^2$$

由上式可解出，$t = 0$或者$\frac{2v_0 \sin\theta_0}{g}$。这里，$t = 0$是初始的状态。因此，将$\frac{2v_0 \sin\theta_0}{g}$代入水平方向的计算式，得

$$x = v_0 \cos\theta_0 t = v_0 \cos\theta_0 \frac{2v_0 \sin\theta_0}{g} = \frac{2v_0^2 \sin\theta_0 \cos\theta_0}{g}$$

$$= \frac{v_0^2 \sin 2\theta_0}{g}$$

（参照117页专栏　三角函数2）

这一公式表明，在$\theta_0 = 45°$时，$\sin 2\theta_0 = 1$，水平到达的距离为$\frac{2v_0}{g}$。

能飞得最远的角度是45°

表示旋转角度的是弧度(rad)还是度(°)?

2.7

运动周期和角速度及旋转速度

旋转角度用弧度来表示。

❶ 弧度法是将360°作为2π。
❷ 角速度是指单位时间内的角度变化。
❸ 周期和转速互成倒数关系。

之前，我们针对直线运动和抛物线运动进行了说明。现在，我们来分析机械工程中重要的曲线运动之一——旋转运动。

(1) 弧度法

弧度（rad）是作为角度的单位使用而导入的。用弧度表示角度的**弧度法**是将360°作为2π rad。弧度法的导入使得各种各样的物理量表示起来变得容易了。如果考虑半径为1m的圆弧，因为弧的角度在360°时圆周长为2π m，所以在角度为θ(rad)的场合，基于比例关系，圆弧的长度x(m)由2π(rad) : θ(rad) = 2π(m) : x(m)得x = θ。这就是说，如果采用弧度法，可知对于半径为1m的圆，角度值就相当于圆弧的长度。因此，半径r(m)、中心角θ(rad)的圆弧长度x(m)为：

$$x = r\theta$$

2.8　45°是多少弧度（rad）？另外，$\frac{3}{2}\pi$ rad是多少度？

解：

因为360°是2π rad，所以：

$$360° : 2\pi = 45° : \theta$$

由此，得：

$$\theta = \frac{45}{360} \times 2\pi = \frac{1}{4}\pi \text{ (rad)}$$

由比例关系，有：

$$360° : 2\pi = \theta : \frac{3}{2}\pi$$

由此，得：

$$\theta = \frac{360° \times \frac{3}{2}\pi}{2\pi} = 270°$$

度（°）和弧度（rad）之间的换算关系见表2.1。

表 2.1　度（°）和弧度（rad）之间的换算关系

度 /（°）	0	30	45	60	90	180	270	360	450
弧度 / rad	0	$\frac{\pi}{6}$	$\frac{\pi}{4}$	$\frac{\pi}{3}$	$\frac{\pi}{2}$	π	$\frac{3\pi}{2}$	2π	$\frac{5\pi}{2}$

（2）角度与角加速度

如图2.19所示，物体在半径r(m)的圆周上进行运动。这时，如果在Δt(s)时间内角度只变化$\Delta\theta$(rad)，则单位时间内的角位移，即**角速度**ω(rad)为：

$$\omega = \lim_{\Delta t \to 0} \frac{\Delta\theta}{\Delta t} = \frac{d\theta}{dt}$$

角速度也与速度一样，是具有大小和方向的矢量。

物体Δt(s)时间内在圆周上移动了PP'距离。于是，物体的速度v(m/s)为：

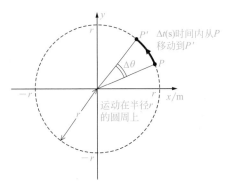

图2.19　圆周上的物体的运动

$$v = \lim_{\Delta t \to 0} \frac{PP'}{\Delta t} = \lim_{\Delta t \to 0} \frac{r\Delta\theta}{\Delta t} = r\lim_{\Delta t \to 0} \frac{\Delta\theta}{\Delta t} = r\frac{d\theta}{dt} = r\omega$$

将时间间隔Δt尽量缩短的话，这一速度的方向就指向圆的切线方向。这种速度称为**线速度**。

表示单位时间内角速度变化的量称为角加速度α(rad/s²)，其表达方式为：

$$\alpha = \frac{d\omega}{dt}$$

在角加速度一定的场合（即α为恒定值的场合），若在0s时的角速度为ω_0、角位移为0，假设经过时间t(s)后的角速度为ω、角位移为θ。将上式对时间t进行积分的话，则有：

$$\int_0^t \alpha dt = \int_0^t \frac{d\omega}{dt}\,dt$$

因此，得到$\alpha t = \int_{\omega_0}^{\omega} d\omega = \omega - \omega_0$。由此，得：

$$\omega = \omega_0 + \alpha t$$

进而，将此式对时间t进行积分，得：

$$\int_0^t \omega dt = \int_0^t \omega_0 dt + \int_0^t \alpha t dt$$

方程式的左边为：

$$\int_0^t \omega dt = \int_0^t \frac{d\theta}{dt} dt = \int_0^\theta d\theta = \theta$$

方程式的右边为：

$$\int_0^t \omega_0 dt + \int_0^t \alpha t dt = \omega_0 t + \frac{1}{2}\alpha t^2$$

合并方程式的两边，得：

$$\theta = \omega_0 t + \frac{1}{2}\alpha t^2$$

由$\omega = \omega_0 + \alpha t$和$\theta = \omega_0 t + \frac{1}{2}\alpha t^2$两式联立，消去时间$t$得：

$$2\alpha\theta = \omega^2 - \omega_0^2$$

进行结果的归纳总结，若角加速度用$\alpha = \dfrac{d\omega}{dt}$表示，可得：

时间t和角速度ω的关系

$$\omega = \omega_0 + \alpha t \quad (rad/s)$$

时间t和角位移θ的关系

$$\theta = \omega_0 t + \frac{1}{2}\alpha t^2 \quad (rad)$$

角速度ω和角位移θ的关系

$$2\alpha\theta = \omega^2 - \omega_0^2 \quad (rad^2/s^2)$$

这些公式对于理解通常状态的圆周运动是极其重要的。

2.9 物体在半径2.00m的圆周上旋转1周，需要8.00s。请求解出这个物体的平均角速度和平均线速度。

解：

根据题意，旋转1周是2π rad，周期为8.00s，则平均角速度为：

$$\omega = \frac{d\theta}{dt} = \frac{2\pi}{8.00} = \frac{2 \times 3.14}{8.00} = 0.785 \quad (rad/s)$$

进而，平均线速度为：

$$v = r\omega = 2.00 \times 0.785 = 1.57 \quad (m/s)$$

(3) 旋转速度、转速、周期

在旋转速度为n(r/min)的场合，由于1min旋转了$2\pi n$(rad)，则角速度ω为：

$$\omega = \frac{\mathrm{d}\theta}{\mathrm{d}t} = \frac{2\pi n}{60} \ (\mathrm{rad/s})$$

将旋转1周回到原来位置的时间称为**周期**，周期由角速度（单位时间内旋转的角度）的定义得：

$$T = \frac{2\pi}{\omega} = \frac{60}{n} \ (\mathrm{s})$$

2.10 如图2.20所示，静止的圆板2.0s后速度为50r/min，请求解出圆板的角加速度α(rad/s^2)。

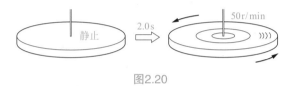

图2.20

解：

因为2.0s后的旋转速度为50r/min，其角速度为

$$2 \times 3.14 \times \frac{50}{60} = 5.23 \ (\mathrm{rad/s})$$

所以，角加速度α(rad/s^2)为

$$\alpha = \frac{5.23 - 0}{2.0 - 0} = 2.62 \ (\mathrm{rad/s}^2)$$

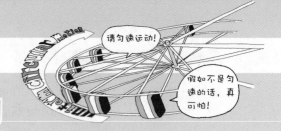

2.8
匀速圆周运动

··· 用匀速"咕噜咕噜"地转动的游览车。

❶ 匀速圆周运动就是物体以一定的速度在圆周上运动，速度指向圆的切线方向。

❷ 匀速圆周运动的加速度方向指向圆的中心。

（1） 匀速圆周运动的公式

匀速圆周运动是以一定的速度在圆周上行进的运动。这就相当于2.7节角速度ω(rad/s)是常量、角加速度α(rad/s^2)是0的场合。如图2.21所示，物体以一定的角速度ω(rad/s)在半径为r(m)的圆周上进行运动时，物体的线速度则为：

$$v = \frac{\mathrm{d}x}{\mathrm{d}t} = \frac{\mathrm{d}(r\theta)}{\mathrm{d}t} = r\frac{\mathrm{d}\theta}{\mathrm{d}t} = r\omega \quad \text{(m/s)}$$

在这里，速度的方向是圆的切线方向。

这种匀速圆周运动的周期T为：

$$T = \frac{2\pi r}{v} = \frac{2\pi}{\omega}$$

转速n为：

$$n = \frac{1}{T} = \frac{\omega}{2\pi}$$

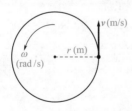

在半径为r(m)的圆周上以角速度ω(rad/s)进行旋转

图2.21　匀速圆周运动

（2） 加速度

因为匀速圆周运动的速度大小（速率）是一定的，但方向是不断变化的，所以速度是变化的。为此，匀速圆周运动具有加速度。

现在，有一物体如图2.22所示那样在半径为r(m)的圆周上以角速度ω(rad/s)进行旋转。设某一时刻的物体位置为P，经过Δt(s)时间后的物体位置为P'。如果用θ表示角位移，基于角速度的定义，θ可以写成$\theta = \omega \Delta t$。若在各不同时刻的速度矢量分别为v、v'，这时的速度差$\Delta v = v' - v$，如图2.23所示。在这里，将加速度用a表示，a由加速度的定义就表示为：

$$a = \frac{\Delta v}{\Delta t}$$

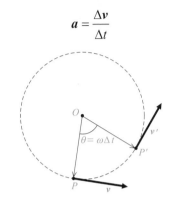

图2.22　匀速圆周运动的速度矢量

加速度a的方向与Δv的方向一致，当尽量减小Δt时，Δv的大小由矢量图可知为$v\theta = v\omega\Delta t$。因此，加速度$a$的大小为：

$$a = \frac{\Delta v}{\Delta t} = \frac{v\omega\Delta t}{\Delta t} = v\omega = r\omega^2 = \frac{v^2}{r}$$

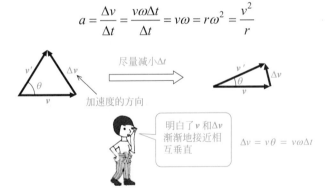

图2.23　匀速圆周运动的加速度矢量

现在，速度的方向指向垂直于圆半径的方向。然而，因为是匀速圆周运动，所以速度矢量v和v'的长度应该相等，由图2.23中等腰三角形的关系，尽量减小Δt的话，Δv相对于v就变成垂直方向。因此，加速度a是指向圆的中心方向，将匀速圆周运动的加速度称为**向心加速度**。

2.9

连杆机构的数学解析

汽车的发动机中也利用了这种原理呢!

曲轴机构可将往复运动变换为旋转运动。

❶ 位移对时间的微分是速度,速度对时间的微分是加速度。

❷ 滑块曲轴机构将直线往复运动变换为旋转运动。

在机械的运动中,基本的运动是直线运动和旋转运动。作为旋转运动的应用,**往复滑块曲轴机构**是通过机构的位移、速度及加速度将往复运动转换为旋转运动的。

(1) 往复滑块曲轴机构

往复滑块曲轴机构的结构原理如图2.24所示。往复滑块曲轴机构在汽车的发动机等场合应用广泛。

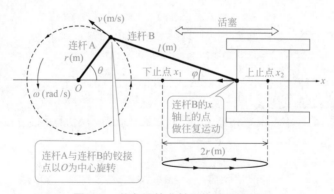

图2.24 往复滑块曲轴机构的结构原理

(2) 旋转运动的速度、加速度

如图2.24所示,当连杆A和连杆B的铰接点以一定的角速度ω(rad/s)在半径为r(m)的圆周上旋转时,铰接点的速度v(m/s)为:

$$v = r\omega \ \ (\text{m/s})$$

这时,速度的方向指向圆的切线方向,加速度a(m/s²)为:

$$a = r\omega^2 \quad (\text{m/s}^2)$$

（3）活塞的位移、速度、加速度

下面我们就图2.24中被连杆B铰接的活塞的运动进行分析。

首先，分析活塞的位移x。

设连杆B的长度为$l(\text{m})$，如图2.25所示那样，给定坐标原点O和x轴。如图所示，若某一时刻连杆A与x坐标轴构成的夹角为θ、连杆B与x坐标轴构成的夹角为φ，则活塞的位移x为：

$$x = r\cos\theta + l\cos\varphi$$

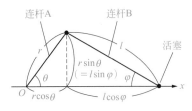

图2.25 活塞的运动图解

在$t = 0\text{s}$时，若$\theta = 0$，由于$\theta = \omega t$，则有：

$$x = r\cos\omega t + l\cos\varphi$$

在这里，θ和φ的关系利用在图2.25中作虚线进行分析，有：

$$r\sin\theta = l\sin\varphi$$

由三角函数的关系和上式，能得到：

$$\cos\varphi = \sqrt{1 - \sin^2\varphi} = \sqrt{1 - \frac{r^2}{l^2}\sin^2\theta}$$

因此，有：

$$x = r\cos\theta + l\sqrt{1 - \frac{r^2}{l^2}\sin^2\theta}$$

活塞下止点x_1的位置由$\cos\theta = \cos180° = -1$和$\sin\theta = \sin180° = 1$的特殊值得：

$$x_1 = l - r$$

另外，活塞上止点x_2的位置由$\cos\theta = \cos0° = 1$和$\sin\theta = \sin0° = 0$的特殊值得：

$$x_2 = l + r$$

因此，活塞的往复运动距离$x_2 - x_0$可用下式求解：

$$x_2 - x_1 = l + r - (l - r) = 2r$$

然后，就活塞的速度进行分析。

速度v就是位移x对时间t的微分，即计算$v=\dfrac{\mathrm{d}x}{\mathrm{d}t}$就可以。但是，这里假设连杆B的长度$l$和连杆A的长度$r$有$l\gg r$关系成立，即$\dfrac{r}{l}\ll 1$[$\alpha$在远小于1的场合，近似地能得到$(1+\alpha)^n=1+n\alpha$]，所以位移$x$的计算式能用下式表示。

$$x=r\cos\omega t+l\left(1-\frac{r^2}{l^2}\sin^2\omega t\right)^{\frac{1}{2}}=r\cos\omega t+l\left(1-\frac{1}{2}\times\frac{r^2}{l^2}\sin^2\omega t\right)$$

$$=r\cos\theta+l-\frac{r^2}{2l}\sin^2\omega t=r\cos\theta+l-\frac{r^2}{2l}\sin^2\theta$$

将这个公式对时间t微分，就有：

$$v=\frac{\mathrm{d}x}{\mathrm{d}t}=\frac{\mathrm{d}(r\cos\omega t)}{\mathrm{d}t}+\frac{\mathrm{d}(l)}{\mathrm{d}t}+\frac{\mathrm{d}\left(-\dfrac{r^2}{2l}\sin^2\omega t\right)}{\mathrm{d}t}$$

$$=-r\omega\sin\omega t+0-\frac{r^2}{2l}\times\frac{\mathrm{d}(\sin^2\omega t)}{\mathrm{d}t}$$

$$=-r\omega\sin\omega t-\frac{r^2}{2l}\times\frac{\mathrm{d}(\sin\omega t\sin\omega t)}{\mathrm{d}t}$$

$$=-r\omega\sin\omega t-\frac{r^2}{2l}2\omega\sin\omega t\cos\omega t$$

$$=-r\omega\sin\theta-\frac{r^2}{l}\omega\sin\theta\cos\theta$$

上止点（$\theta=0^\circ$）、下止点（$\theta=180^\circ$）的速度都由$\sin 0^\circ=\sin 180^\circ=0$的条件得到$v=0$。如图2.26所示，在活塞往复运动的中心，因为$\theta=90^\circ$或者$\theta=270^\circ$，所以$\theta=90^\circ$时的速度$v_1$为：

$$v_1=-r\omega\sin 90^\circ-\frac{r^2}{l}\omega\sin 90^\circ\cos 90^\circ=-r\omega$$

$\theta=270^\circ$时的速度v_2为：

$$v_2=-r\omega\sin 270^\circ-\frac{r^2}{l}\omega\sin 270^\circ\cos 270^\circ=r\omega$$

加速度a通过对所获得的速度v再一次对时间t微分就能得到，则：

$$a=\frac{\mathrm{d}v}{\mathrm{d}t}=\frac{\mathrm{d}(-r\omega\sin\omega t)}{\mathrm{d}t}+\frac{\mathrm{d}\left(-\dfrac{r^2}{l}\omega\sin\omega t\cos\omega t\right)}{\mathrm{d}t}$$

$$= -r\omega^2 \cos\omega t - \frac{r^2}{l}\omega \frac{\mathrm{d}(\sin\omega t \cos\omega t)}{\mathrm{d}t}$$

$$= -r\omega^2 \cos\omega t - \frac{r^2}{l}\omega^2(\cos^2\omega t - \sin^2\omega t)$$

$$= -r\omega^2 \cos\omega t - \frac{r^2}{l}\omega^2\left[\cos^2\omega t - (1-\cos^2\omega t)\right]$$

$$= -r\omega^2 \cos\omega t - \frac{r^2}{l}\omega^2(2\cos^2\omega t - 1)$$

这里，提出公因子$r\omega^2$，就有：

$$a = r\omega^2\left(\frac{r}{l} - \cos\theta - \frac{2r}{l}\cos^2\theta\right) = r\omega^2\left[\frac{r}{l} - \cos\theta - \frac{2r}{l}\left(\frac{1+\cos 2\theta}{2}\right)\right]$$

$$= r\omega^2\left(-\cos\theta - \frac{r}{l}\cos 2\theta\right)$$

注：这里采用了三角函数中的倍角公式$\cos 2\theta = 2\cos^2\theta - 1$。

如图2.27所示，在活塞振动中心处于下止点（$\theta = 180°$）的场合，由$\cos 180° = -1$得加速度$a_1(\mathrm{m/s^2})$为：

$$a_1 = r\omega^2\left(1 - \frac{r}{l}\right)$$

在活塞振动中心处于上止点（$\theta = 0°$）的场合，由$\cos 0° = 1$得加速度$a_2(\mathrm{m/s^2})$为

$$a_2 = r\omega^2\left(-1 - \frac{r}{l}\right)$$

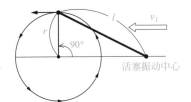

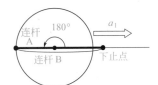

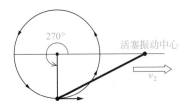

图2.26　活塞的速度矢量　　　　图2.27　活塞的上止点、下止点

习　题

习题1　108km/h是多少m/s？另外，2.5m/s是多少km/h？

习题2　设地球的半径为6400 km。这时，如图2.28所示，在赤道上空10km的高度上用24h飞行1周，请求解出必须用多少速度（单位为km/h）飞行。

图2.28

习题3　人乘坐在以速度30km/h运行的列车上，观察车窗外降落的雨点，看到的雨点如图2.29所示，与竖直方向成40°角。雨点实际是竖直向下降落的，请求解出雨点的下降速度。

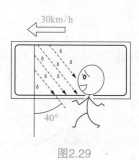

图2.29

习题4　如图2.30所示，有一物体以加速度2.0m/s²沿直线运动。请求解出这个物体从10s到20s期间移动的距离。其中，物体在10s的速度为3.0m/s。

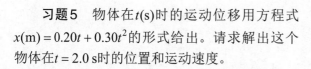

习题5　物体在t(s)时的运动位移用方程式$x(m) = 0.20t + 0.30t^2$的形式给出。请求解出这个物体在$t = 2.0$ s时的位置和运动速度。

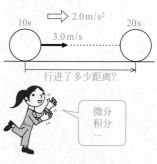

图2.30

习题6 如图2.31所示，使物体从20m的高度自由下落。请求解出1.0s时的物体运动速度和距离地面的高度。

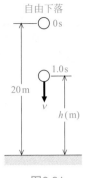

图2.31

习题7 如图2.32所示，从地面上40m的高度位置，以2.0m/s的速度竖直向下投出物体。请求解出2.0s时的物体下降速度和距离地面的高度。

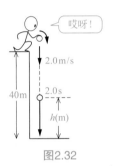

图2.32

习题8 如图2.33所示，在地面上以29.4m/s的速度竖直向上投球。请求解出最高点的高度、球返回到投出点高度位置所需要的时间。

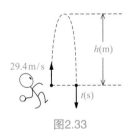

图2.33

习题9 如图2.34所示，以20m/s的初始速度，将物体与水平面成60°的角度投出。请求解出这一物体能达到的最大高度和水平移动的距离。

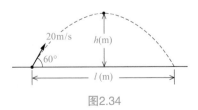

图2.34

习题 10　如图 2.35 所示，在距地面 49m 高的位置处，将物体以 30m/s 的速度沿水平方向投出。请求解出物体碰撞地面的时间、碰撞时地面与物体运动方向所构成的夹角 θ 以及 $\tan\theta$ 的值。

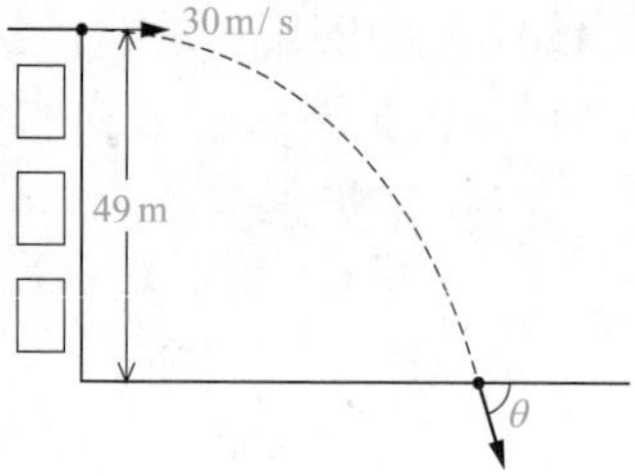

图 2.35

习题 11　如图 2.36 所示，物体用 1.0s 在半径 0.020m 的圆周上旋转了 200 圈。请求解出这一物体的角速度 ω 和平均速度 v。

图 2.36

习题 12　如图 2.37 所示，物体以角速度 2.0rad/s 在半径 3.0m 的圆周上进行匀速圆周运动。请求解出这时物体运动速度 v、加速度 a 的大小。

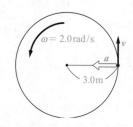

图 2.37

第 **3** 章

机械动力学

　　由于机械运动需要力，因此了解力对于设计机械至关重要。

　　本章介绍牛顿运动定律（牛顿运动定律描述了力与运动之间的关系），尤其着重于运动方程的讲解。

　　通过引入能量的概念并学习机械能守恒和万有引力等定律，读者可自行建立机械的运动方程式，并能分析能量的转换。

3.1

运动的三大定律

 .... 因牛顿的感觉而产生的三大定律。

❶ **惯性定律**：任何物体都要保持匀速直线运动或静止状态，直到外力迫使它改变运动状态为止。

❷ **运动定律**：物体产生的加速度与作用力成正比，与物体的质量成反比。

❸ **作用与反作用定律**：如果给物体施加力，就会受到来自该物体的反力作用。

（1） 惯性定律（牛顿第一定律）

当作用在物体上的力为零，或者作用在物体上的力的合力为零时，则物体保持现在的运动状态。物体的这个性质就是**惯性**，惯性的大小由物体的质量决定。任何物体都要保持匀速直线运动或静止状态，直到外力迫使它改变运动状态为止。这就是**惯性定律（牛顿第一定律）**（图3.1）。

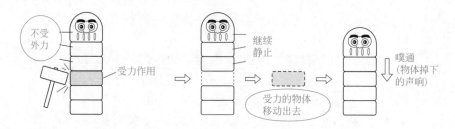

图3.1　惯性定律

（2） 运动定律（牛顿第二定律）

力有使物体运动状态改变的作用。力 **F** 作用在物体上时，物体在力的作用方向上就产生加速度 **a**（图3.2）。如图3.3（a）、（b）所示，加速度 **a** 与力 **F** 成正比，与物体的质量 m 成反比，加速度的方向与力（合力）的方向相同。用公式表示，则有：

$$a = k\frac{F}{m}$$

这就是**运动定律（牛顿第二定律）**。这里的 k 是比例系数，如将这一比例系数设为1，则可推导出牛顿（N）这一力的单位。

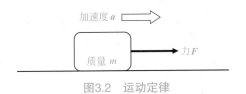
图3.2 运动定律

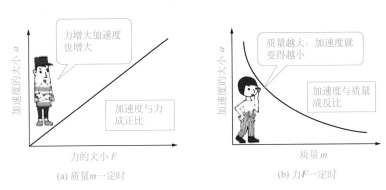

(a) 质量m一定时   (b) 力F一定时

图3.3 加速度、质量与力之间的关系

（3）作用与反作用定律（牛顿第三定律）

    如第1.5节中所述，如果使物体A向物体B施加作用力，物体B也在相同的作用线上对物体A施加大小相同、方向相反的作用力（图3.4）。这称为**作用与反作用定律（牛顿第三定律）**，这两个力分别称为作用力、反作用力。值得注意的是这与两个力平衡的情况不同，其区别在于两个力作用的物体不同。

力	作用的物体
F	墙壁
F'	人

图3.4 作用与反作用的定律

3.2

运动方程式

用高效的电动机驱动电梯升降

请求解出在三楼停下的运动方程式

 要点 .... 质量与加速度相乘，就可以得到力。

❶ 假设运动定律中的比例系数k=1，则可推导出力的单位（N）。
❷ 运动方程式能够决定物体的运动状态。

（1） 运动方程式

在运动定律中，已经阐述过质量m、力F和加速度a之间的关系式为$a = k\left(\dfrac{F}{m}\right)$。在此，若设$k=1$，就可导出力的单位（N）。这就是说，使1kg物体产生大小为1m/s²的加速度需要施加的力的大小为1N。于是，用运动定律得到的关系式为：

$$ma = F$$

这是运动方程式，是力学中重要的公式。

在物体上有多个力作用的场合，运动方程式为：

$$ma = \sum_i F_i$$

方程式右边是作用在物体上所有力的合力。加速度的方向与合力的方向一致。由运动方程式，能够求解出物体在被施加力时所进行的运动。另外，在知道运动的状态时，能够求解出是何种力作用在物体上。因为加速度a能够表示为$a = \dfrac{\mathrm{d}v}{\mathrm{d}t}$，所以运动方程式也就能表示成$m\left(\dfrac{\mathrm{d}v}{\mathrm{d}t}\right) = \sum_i F_i$。用$x$坐标分量和$y$坐标分量来分析$a$、$F$的话，运动方程式则可用下式表示。

$$x方向分量：ma_x = F_x$$

$$y方向分量：ma_y = F_y$$

（2） 运动方程式的建立

采用运动方程式求解加速度的方法如下。

① 针对不同的物体，确定建立运动方程式的对象。针对一个物体，能建立一个运动方程式$ma = \sum_i F_i$。在平面运动的场合，能够得到针对x坐标分量和y坐标分

量的运动方程式 $ma_x = \sum_i F_{ix}$、$ma_y = \sum_i F_{iy}$；在直线运动的场合，能够得到针对运动方向的方程式 $ma = \sum_i F_i$。

② 研究作用在所关注对象物体上的力。这种时候，注意不要遗漏任何作用力。力除在第1.1节所介绍的重力、弹性力、张力、支持力、摩擦力之外，还有静电力等。

③ 确定力的正方向。通常将物体的运动方向设为正。在直线运动的场合，运动方向的加速度大小设为 $a(\text{m/s}^2)$。

④ 平面运动的场合，将作用在物体上的力分解为 x 坐标分量 F_x 和 y 坐标分量 F_y。然后，将 F_x 和 F_y 代入关于各分量的运动方程式中。在直线运动的场合，分析力的正负并代入运动方程式中。

 3.1 在图3.5中，质量 $m = 1.0\text{kg}$、重量 $W = 9.8\text{N}$ 的物体受到竖直向上的张力 $T = 20\text{N}$ 的作用，进行竖直向上的运动。请求解出该物体的加速度 $a(\text{m/s}^2)$。

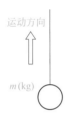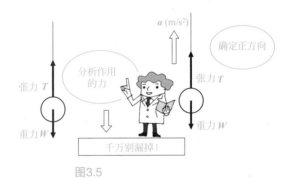

图3.5

解：

作用在物体上的力有张力和重力。因此，设向上的方向为正，则物体的运动方程式为：

$$ma = T + (-W)$$

由此，解得：

$$a = \frac{T - W}{m} = \frac{20 - 9.8}{1.0} = 10.2 \ (\text{m/s}^2)$$

（3） 质量和重量

质量是物体固有的量，**重量**是作用在物体上的重力大小。由于地球上物体落体运动的加速度大小是g(m/s^2)，因此作用在质量m(kg)物体上的重力大小W(N)用运动方程式表示为：

$$W = mg \text{ (N)}$$

由此可见，地球上作用在1kg物体上的重力大小是9.8N。目前，月球上的重力大小约是地球上的1/6。

一方面，在运动方程式中出现的物体质量m是表示施加力$\boldsymbol{F}$时物体产生加速度难易（惯性）程度的量，在这种意义上称为**惯性质量**。另一方面，$W = mg$中的质量m是表示作用在物体上的重力大小为mg的量，称为**引力质量**。惯性质量和引力质量是独立的变量，而经验告诉我们两者相等。

（4）解方程式

实际尝试一下解方程式。

3.2　如图3.6所示，质量为5.0kg的物体被放置在光滑的水平面上。当对这个物体施加20N方向向右的力时，请求解出物体产生的加速度大小a(m/s^2)。

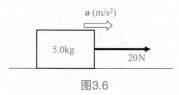

图3.6

解：

由运动方程式$ma = F$有：

$$a = \frac{F}{m} = \frac{20}{5.0} = 4.0 \text{ (m/s}^2\text{)}$$

由于得到的数值为正，因此，加速度的方向是向右的。

3.3　如图3.7所示，绳索悬挂在滑轮上，两端分别系有质量10kg的物体A和5.0kg的物体B，请求解出物体的加速度$\boldsymbol{a}$(m/s^2)和绳索的张力$\boldsymbol{T}$(N)的大小。这里设定绳索和滑轮的质量都可忽略不计。

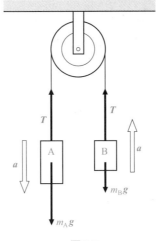

图3.7

解：

作用在物体上的力只有重力和张力。由于物体A的质量大于物体B的质量，所以物体A向下运动。在此对于物体A，设向下的方向为正。假设绳索的张力大小为$T(\mathrm{N})$、物体的加速度大小为$a(\mathrm{m/s^2})$，物体A的运动方程式表示成$m_{\mathrm{A}}a = m_{\mathrm{A}}g - T$，则有：

$$10a = 10 \times 9.8 - T \tag{1}$$

对于物体B，设向上的方向为正。物体B的运动方程式表示成$m_{\mathrm{B}}a = T - m_{\mathrm{B}}g$，则有：

$$5.0a = T - 5.0 \times 9.8 \tag{2}$$

由式（1）得：

$$a = 9.8 - \frac{T}{10} \tag{3}$$

将式（3）代入式（2）中，有：

$$5.0 \times \left(9.8 - \frac{T}{10}\right) = T - 5.0 \times 9.8$$

由此求解出：

$$T = \frac{196}{3} = 65 \ (\mathrm{N})$$

另外，$a(\mathrm{m/s^2})$的计算结果如下：

$$a = 9.8 - \frac{T}{10} = 9.8 - \frac{65}{10} = 9.8 - 6.5 = 3.3 \ (\mathrm{m/s^2})$$

参考：这种机构称为**阿特伍德装置**，是求解重力加速度的手段之一。因为过去没有测量细微时间变化的方法，所以取两个重锤的重量稍有差异，使其做加速度运动，就可求解出重力加速度的数值。

摩擦

———————————— 无论运动还是停止都是摩擦的作用结果。

❶ 静摩擦力是作用在静止物体上的摩擦力。
❷ 动摩擦力是作用在运动物体上的摩擦力。
❸ 滚动摩擦力是作用在滚动物体上的摩擦力。

（1）摩擦力

摩擦力是阻碍物体运动的力（图3.8）。摩擦力有静摩擦力、动摩擦力、滚动摩擦力等。

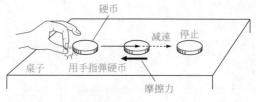

图3.8　摩擦力

（2）静摩擦力

物体被放置在存在摩擦的水平面上，这时在水平方向上施加微弱的力，物体也不会产生运动。原因是物体受到了产生在物体与被放置平面之间的与外力大小相等、方向相反的摩擦力作用，因而处于平衡状态。这种摩擦力称为**静摩擦力**（图3.9、图3.10）。

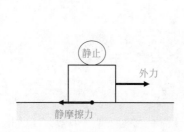

图3.9　静摩擦力

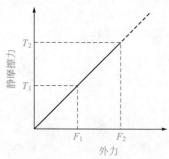

图3.10　外力与静摩擦力的关系

若不断地增加外力，物体就开始运动。在物体开始运动之前，静摩擦力都与外力平衡。这一物体将要开始运动但又未开始运动的临界状态的静摩擦力称为**最大静摩擦力**。最大静摩擦力取决于物体与接触面的类型以及垂直于物体放置面的支持力。最大静摩擦力F_0通常与支持力成正比。采用数学式表达这一关系的话，为：

$$F_0 = \mu N$$

在这里，比例系数μ是由物体和接触面决定的，称为**静摩擦因数**。

静摩擦因数μ通常在水平面上，通过对支持力N和最大静摩擦力F_0分析求解得到，除此以外，也可采用下面的方法。将物体放置在一平面上，逐渐加大这一平面与水平面的倾斜角度θ，一旦θ超过某一θ_0值，物体就会开始滑动。这时的角度θ_0就称为**摩擦角**。这时，作用在物体上的力如图3.11所示。

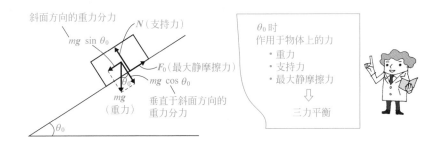

图3.11　基于摩擦角的三力平衡

将重力分解为与斜面平行的分力和垂直于斜面的分力。通过作出以重力为对角线的长方形，得知与斜面平行的重力分力大小为$mg\sin\theta_0$，垂直于斜面的重力分力大小为$mg\cos\theta_0$。如果分析这时的力平衡，垂直作用在斜面上的力有垂直于斜面的重力分力和物体受到的斜面的支持力N。由于物体在斜面方向马上开始运动，因此垂直于斜面方向上的平衡成立，则有：

$$N = mg\cos\theta_0$$

而在平行于斜面方向上，有：

$$F_0 = mg\sin\theta_0$$

最大静摩擦力大小F_0由静摩擦因数μ和支持力大小N的乘积决定，即：

$$F_0 = \mu N = \mu mg\cos\theta_0$$

因此，可求得静摩擦因数：

$$\mu = \frac{\sin\theta_0}{\cos\theta_0} = \tan\theta_0$$

由此，通过分析摩擦角θ_0，就能够求解出静摩擦因数μ。

(3) 动摩擦力

摩擦力不仅作用在静止的物体上，也作用于运动的物体上。这种作用于运动物体上的摩擦力称为**动摩擦力**。动摩擦力的大小也正比于地板对物体的支持力，即：

$$F' = \mu'N$$

μ'由物体和地板的类型决定，称为动摩擦因数。对于静摩擦因数和动摩擦因数一般有$\mu > \mu'$的关系成立。

在图3.12和图3.13中，表示了拉力和摩擦力的关系。

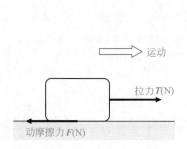

图3.12 动摩擦力

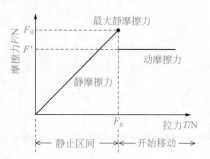

图3.13 拉力与摩擦力的关系

(4) 滚动摩擦力

圆板或者球等进行滚动运动时，在物体上存在着**滚动摩擦力**。如图3.14所示，重量W(N)、半径r(m)的球受到水平方向的力F(N)作用，以一定的速度v(m/s)进行滚动。这时，水平面有图示的凹槽，物体会越过这一凹槽运动。在这里，F和W的合力与反力R平衡。反力R是支持力N和摩擦力f的合力，由力的平衡关系有：

$$f = F \text{ (N)}$$
$$N = W \text{ (N)}$$

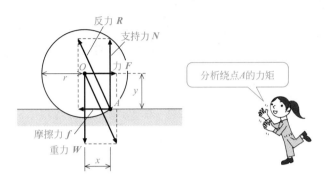

图3.14　滚动摩擦力

通过 O 点的铅垂线与 A 点的距离设为 x，通过 O 点的水平线与 A 点的距离设为 y，则绕 A 点的力矩之和为：

$$Wx - Fy = 0$$

由此式得到 $x = \dfrac{Fy}{W}$。在这里，因为相对于物体的尺寸而言，凹槽的尺寸是相当小的，所以可以认为 y 近似等于 r，则有：

$$x = \frac{Fr}{W}$$

这时候的 x 是由接触面的种类和状态确定的值，称为**滚动摩擦系数**。
静摩擦因数和动摩擦因数没有单位，而滚动摩擦系数的单位是米（m）。

3.4

动量与冲量

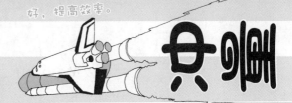

好，提高效率。

提高宇宙飞船的火箭喷射速度。

❶ 动量是表示物体运动激烈程度的量。

❷ 冲量可用力与时间的乘积表示。

❸ 物体动量的变化等于物体所受的冲量。

(1) 动量

表示物体运动激烈程度的量称为**动量**。动量是矢量，当质量m(kg)的物体以速度v(m/s)运动时，物体所具有的动量p(kg·m/s)表示为：

$$p = mv$$

动量p的方向与运动速度v的方向一致。

3.4 质量5.0kg的物体以0.30m/s的速度运动时，请求解出动量的值（图3.15）。

图3.15

解：

由$p = mv$得：

$$p = 5.0 \times 0.30 = 1.5 \text{ (kg·m/s)}$$

(2) 冲量

如图3.16所示，质量m(kg)的物体以速度v(m/s)运动，由于在Δt(s)时间内受到一定的力F(N)作用，速度变成v'(m/s)。这时候，由运动方程式$ma = F$得：

$$m\frac{v' - v}{\Delta t} = F$$

将上式变形，有如下关系成立。

$$m(v' - v) = F\Delta t$$
$$mv' - mv = F\Delta t$$

式中，方程式右边的 $F\Delta t$ 称为**冲量**，左边的 mv、mv' 是动量。此式表示了物体的动量变化等于物体在变化期间内所接受的冲量。

当力 F 不随时间变化时，冲量 $F\Delta t$ 可以用一定的力 F 与作用时间 Δt 的乘积表示。但是，当 F 力的大小不是常量时，如图3.17所示，这时的冲量就成为图3.17中曲线与横轴所包围的面积。另外，用数学公式表示动量的变化与冲量的关系，如下式所示。

$$mv' - mv = \int_{t_0}^{t} F(t)\mathrm{d}t$$

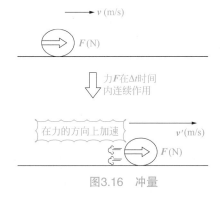

图3.16 冲量

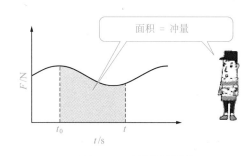

面积 = 冲量

图3.17 冲量的图解法

3.5 质量2.0kg的物体以初始速度 $v_0 = 0.50$m/s运动，在0.20s内受到与运动方向一致的4.0N力的作用。请求解出受力作用后的速度 v(m/s)。

解：

由动量的变化与冲量之间的关系，设运动的方向为正，则有：

$$2.0v - 2.0 \times 0.50 = 4.0 \times 0.20$$

因此，速度 v(m/s)为：

$$v = \frac{4.0 \times 0.20 + 2.0 \times 0.50}{2.0} = \frac{0.8 + 1.0}{2.0} = 0.90 \ (\text{m/s})$$

碰撞使金鱼子虫力士与锹甲虫力士的动量合成一体！

3.5

动量的守恒

动量之和在碰撞时守恒。

❶ 在无外力作用下，物体的动量保持不变。
❷ 动量和冲量都是矢量。

如图3.18所示，质量m_A(kg)的物体A和质量m_B(kg)的物体B分别以v_A和v_B速度向前运动时，分析在一条直线上两个物体的碰撞。

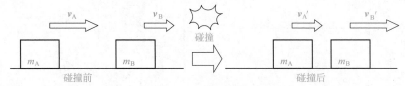

图3.18　两物体的碰撞

在碰撞之前，物体A的动量是$m_A v_A$，物体B的动量是$m_B v_B$。物体A和物体B发生碰撞，设碰撞之后的速度分别变成v'_A和v'_B。如果设碰撞的时间为Δt，力在Δt时间内相互作用于物体A和物体B。物体A施加的作用于物体B的力F_{AB}和物体B施加的作用于物体A的力F_{BA}的关系按作用力与反作用力定律，得知是大小相等、方向相反的，即：

$$F_{AB} = -F_{BA}$$

对于动量的变化与冲量的关系，对不同的物体可分别表示如下。

物体A：

$$m_A v'_A - m_A v_A = \int F_{BA} dt$$

物体B：

$$m_B v'_B - m_B v_B = \int F_{AB} dt$$

由于作用与反作用的关系，有$\int F_{BA} dt = -\int F_{AB} dt$，则得：

$$m_A v'_A - m_A v_A = -(m_B v'_B - m_B v_B)$$

也可写成：

$$m_A \boldsymbol{v}_A + m_B \boldsymbol{v}_B = m_A \boldsymbol{v}'_A + m_B \boldsymbol{v}'_B$$

由这一表达式可见，碰撞前两个物体的动量之和与碰撞后两个物体的动量之和相等，这就是**动量守恒定律**。

下面来分析动量守恒定律成立的条件。在上面，我们分析了两个物体的碰撞，在推导动量守恒的数学表达式时，冲量$\int \boldsymbol{F}_{BA} dt$和$\int \boldsymbol{F}_{AB} dt$的关系为$\int \boldsymbol{F}_{BA} dt = -\int \boldsymbol{F}_{AB} dt$。这是从作用与反作用的关系得到的。这种相互之间有作用力的物体系称为**系统**，系统内的这种相互作用力称为**内力**。与此相反，系统以外物体对系统施加的力称为**外力**。

在没有外力作用而产生冲量的场合，动量之和是守恒的。在仅有内力作用的场合，即使存在着物体分离，这时的动量也是守恒的。

3.6 质量2.0kg的物体A以速度3.0m/s向右运动，与静止在前方的质量3.0kg的物体B发生碰撞。碰撞后，物体A以速度1.0m/s向右运动。这时，请求解出碰撞后物体B的速度。

解：

对于两个物体组成的系统来说，只有内力作用，所以适用动量守恒定律。因此，取向右为正，则：

$$2.0 \times 3.0 + 3.0 \times 0 = 2.0 \times 1.0 + 3.0v$$

求解上式，得物体B的速度

$$v = \frac{2.0 \times 3.0 - 2.0 \times 1.0}{3.0} = \frac{4.0}{3.0} = 1.3 \ (\text{m/s})$$

3.7 质量2t的大炮以100m/s的速度发射了质量10kg的炮弹。请求解出这时大炮的后退速度。

解：

设大炮的速度为v，根据动量守恒定律，有：

$$0 = 2.0 \times 10^3 \times v + 10 \times 100$$

由上式可解：

$$v = -\frac{10 \times 100}{2.0 \times 10^3} = -0.50 \ (\text{m/s})$$

因此，大炮后退速度的大小是0.5m/s，运动方向与炮弹的飞行方向相反。

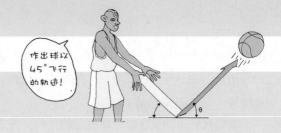

3.6

碰撞

  ··· 考虑碰撞中的路径。

❶ 恢复系数可以用碰撞前后的速度之比求出。

❷ 弹性碰撞是恢复到原来高度的碰撞，非弹性碰撞是不能恢复到原来高度的碰撞。

❸ 碰撞中的机械能守恒只适用于弹性碰撞。

(1) 恢复系数

使球从某一个高度自由下落，当球碰到地板时，其反弹会因球和地板的种类有所差别（图3.19）。假设球碰撞地板之前的速度大小为v(m/s)，碰撞地板之后的速度大小为v'(m/s)。这时，v和v'的比为e，即：

$$e = \frac{v'}{v}$$

这一比值是由球和地板的种类决定的常数，称为**恢复系数**。如图3.20所示，设球的下落距离为h、碰撞后的上升距离为h'，恢复系数e为：

$$e = \sqrt{\frac{h'}{h}}$$

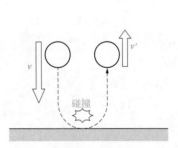

图3.19　自由下落

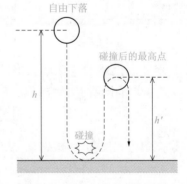

图3.20　自由下落的恢复系数

$e = 1$时，球在碰撞地板后的速度与碰撞前的速度相等，因此，球回到使其自由下落的高度。这种碰撞称为（完全）**弹性碰撞**。

$0 \leqslant e < 1$时，碰撞之后的速度小于碰撞之前的速度。因此，球只能达到比其自

由下落位置低的位置。这样的碰撞称为**非弹性碰撞**。尤其是在 $e = 0$ 时，球完全不能反弹，这样的碰撞称为**完全非弹性碰撞**。

（2） 一条直线上两个物体的碰撞

现在，研究的碰撞对象不是地板，而是两个球。设碰撞前两球的速度大小为 v_A 和 v_B，碰撞后的速度大小为 v_A' 和 v_B'（图 3.21）。恢复系数是碰撞之前接近的相对速度 $v_A - v_B$ 和碰撞之后离开的相对速度 $v_B' - v_A'$ 之比，即：

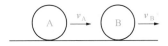

图3.21 碰撞的恢复系数

$$e = \frac{v_B' - v_A'}{v_A - v_B} = -\frac{v_A' - v_B'}{v_A - v_B}$$

（这时要注意符号的变化。）

在碰撞对象 B 为地板或墙壁时，$v_B = v_B' = 0$。但是，因为速度的方向发生了变化，所以要注意速度的符号。

（3） 斜向碰撞

球相对于地板进行斜向碰撞时，可将碰撞前后的速度分解成水平与竖直两个方向（图 3.22）。对于球来说，由于地板施加的反力 N 的方向是垂直于接触面的，也就是竖直向上的，因此，速度只在竖直方向上发生变化。

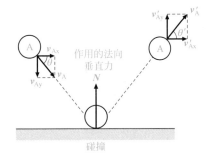

图3.22 斜向碰撞

因此，相对于碰撞面，碰撞前后速度在水平方向没有发生变化，也就是说有 $v_{Ax} = v_{Ax}'$。

然而，在竖直方向，发生了恢复系数 e 的碰撞。碰撞前后的速度变化为 $v_{Ay}' = ev_{Ay}$。碰撞前的速度方向沿着 θ 方向，有：

$$\tan \theta = \frac{v_{Ay}}{v_{Ax}}$$

碰撞后的速度方向沿着 θ' 方向，有：

$$\tan \theta' = \frac{v_{Ay}'}{v_{Ax}'} = \frac{ev_{Ay}}{v_{Ax}} = e \tan \theta$$

3.7

功与功率

1马力（1hp）相当于750W！

···提高效率能使工作尽早结束。

❶ 功可以用力的大小和作用距离的乘积表示。

❷ 功率是单位时间内的功。

(1) 功

在物体上施加$F(N)$力，使其沿力的方向移动$s(m)$距离时，这个力对物体所做的**功**W用下式表示［功W的单位是N·m（牛·米）= J（焦耳）］：

$$W = Fs \ (J)$$

力的方向与运动的方向不一致时，如果F和s所成的夹角为θ，力F对物体所做的功W为：

$$W = Fs \cos \theta$$

由图3.23可知，$F \cos \theta$是力F在位移方向的分力大小。

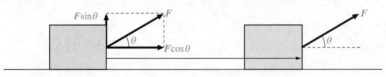

图3.23 功的说明

如图3.24所示，思考位移的方向变化，力的方向也变化的情况。这时，若将这一微小的位移设为ds，这一微小位移ds的方向与力的方向所形成的夹角设为θ，则力在微小位移上所做的功dW为：

$$dW = F \cos \theta ds$$

在从A点到B点时，力所做的功可通过积分上式得到，因此有：

$$W = \int_A^B F \cos \theta ds$$

功是标量，没有方向。

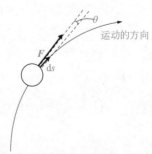

运动的方向

图3.24 位移和力都变化时的功

3.8 将质量5.0kg的物体，沿着图3.25所示那样30°的斜面，缓慢地牵引到3.0m的高度。这时，请求解出力所做的功（J）。

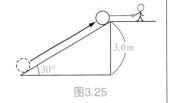

图3.25

解：

作用在物体上的重力沿斜面方向的分力为：

$$mg\sin\theta = 5.0 \times 9.8 \times \frac{1}{2} = 24.5\ (\text{N})$$

因此，沿斜面方向施加24.5N的力就能提升物体。为此，功W是：

$$W = Fs\cos\theta = 24.5 \times (3 \times 2) \times \cos 0^\circ = 147\ (\text{J})$$

（2） 矢量的内积

有两个矢量**A**和**B**。这时，矢量的内积（点积）**A·B**定义如下所示。

$$\boldsymbol{A} \cdot \boldsymbol{B} = |\boldsymbol{A}||\boldsymbol{B}|\cos\theta$$

这里，θ是两个矢量**A**和**B**所构成的夹角（图3.26）。积是只具有大小的标量。

图3.26 矢量积

在施加**F**(N)力，使物体位移**s**(m)时，假设**F**和**s**所成的夹角为θ，这个力对物体所做的功W表示为：

$$W = \boldsymbol{F} \cdot \boldsymbol{s}\ (\text{J})$$

（3） 旋转力矩（力矩）

如图3.27所示，思考物体受到**F**(N)力绕半径r(m)的圆旋转。这时，因为可以近似地认为微小位移d**s**的方向和作用力**F**的方向是相同的，所以有$\cos\theta = \cos 0^\circ = 1$。因此，从$A$点到$B$点力**F**所做的功$W$为：

$$W = \int_A^B \boldsymbol{F}\,\mathrm{d}\boldsymbol{s}$$

$$= \int_0^\theta Fr\,\mathrm{d}\theta = Fr\int_0^\theta \mathrm{d}\theta = Fr\theta$$

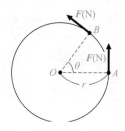

图3.27　旋转力矩

由于Fr相当于旋转力矩，所以将其设为T，就有：

$$W = T\theta \ (\text{J})$$

由此可见，功W能用旋转力矩T和旋转角度θ的乘积表示。

3.9 旋转轴的输出旋转力矩为200N·m，当其旋转2周时，请求解出旋转轴所做的功。

解：

轴转动2周的角位移为：

$$2\pi \times 2 = 4\pi \ (\text{rad})$$

为此，旋转轴所做的功为：

$$W = T\theta = 200 \times 4 \times 3.14 = 2512 \ (\text{J})$$

（4）**功率**

单位时间内所做的功称为**功率**（或者**工作效率**）。在t(s)时间内完成W(J)功时，功率P是：

$$P = \frac{W}{t} \ (\text{W})$$

式中，功率的单位是J/s，即W（瓦特）。

现在，考虑给物体施加一定大小的F(N)力，克服了阻力，以一定的速度v(m/s)在力的方向上移动的情况。这时，物体在Δt(s)时间内移动$v\Delta t$(m)距离，因此，这个力所做的功ΔW为：

$$\Delta W = Fv\Delta t$$

因此，功率P为：

$$P = \frac{\Delta W}{\Delta t} = \frac{Fv\Delta t}{\Delta t} = Fv$$

3.10 质量500kg的汽车在斜角为3°的斜坡上以72km/h的稳定速度行驶，请求解出汽车行驶所需要的功率。这里，行驶时的道路阻力设为500N。

解：

汽车在坡道上以72km/h=20m/s的速度行驶，需要的牵引力为：

$$F = 500 \times 9.8\sin 3^\circ + 500 = 256 + 500 = 756 \text{ (N)}$$

因此，功率为：

$$P = Fv = 756 \times 20 = 1.5 \times 10^3 \text{ (W)}$$

 3.11 如图3.28所示，一根长绳绕过定滑轮，一端悬挂质量30kg的物体，另一端缠绕在能够使定轴旋转的半径0.30m的卷筒装置上。物体以2.0m/s的速度匀速上升。

① 卷筒装置产生的F（N）力是多少？
② 卷筒装置的旋转力矩T（N·m）是多少？
③ 卷筒装置的功率P（W）是多少？

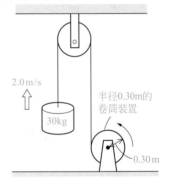

2.0 m/s

半径0.30m的卷筒装置

30kg

0.30m

图3.28

解：

① 物体的加速度为$a = 0 \text{ m/s}^2$。因此，若卷筒装置施加给物体的力为F，由运动方程式$F - mg = 0$，有：

$$F = mg = 30 \times 9.8 = 294 \text{ (N)}$$

② 卷筒装置的旋转力矩T为：

$$T = Fr = 294 \times 0.30 = 88.2 \text{ (N·m)}$$

③ 物体在1.0s内上升2.0m，这个移动距离是利用卷筒装置的旋转实现的。若卷筒装置旋转的角度为θ，由于移动距离和转角之间有$2 = 0.30\theta$这一关系，所以$\theta = \dfrac{2}{0.3}$，因此有：

$$P = T\theta = 88.2 \times \frac{2}{0.30} = 588 \text{ (W)}$$

用另外的解法有：

$$P = Fv = 294 \times 2.0 = 588 \text{ (W)}$$

3.8

杠杆、滑轮及滑轮组

 要点 .... 能简单轻松做功的原理。

❶ 作用于杠杆上的力的大小取决于力臂的长度比。

❷ 定滑轮改变力的方向，动滑轮将力的大小减半。这两种滑轮可组合成滑轮组，力的大小
取决于滑轮组中各滑轮的半径比。

利用工具做功的话，在3.7节介绍了功的量值是如何变化的，在这里就来分析**杠杆**、**滑轮**及**滑轮组**的做功量。

（1） 杠杆

在采用杠杆将质量m(kg)的物体缓慢地提升到高度h(m)时，计算其做功量。如图3.29所示，利用杠杆的力臂比值$a:b$来提升物体。

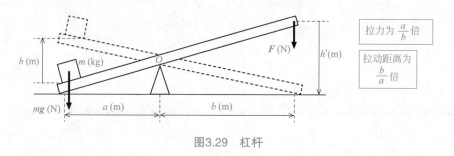

拉力为 $\dfrac{a}{b}$ 倍

拉动距离为 $\dfrac{b}{a}$ 倍

图3.29　杠杆

在缓慢提升时，对于点O，基于力矩平衡条件，有以下公式：

$$mga - Fb = 0$$

因此，施加在杠杆上的力F为：

$$F = \frac{mga}{b}$$

施加的力被移动的距离h'由相似三角形得到，即$h' = \left(\dfrac{b}{a}\right)h$。因此，这个力所做的功就为：

$$W = Fs = \frac{mga}{b} \times \frac{b}{a} h = mgh$$

这个做功量与不用杠杆提升物体到高度h(m)时的做功量$W' = Fs = mgh$相等。

（2）滑轮

绕轴转动的圆盘和绳索、链条等构成的装置，且能够改变力的方向或改变力的大小的简单机械称为**滑轮**。滑轮可分为旋转轴位置固定不动的**定滑轮**和旋转轴进行转动的同时平行移动的**动滑轮**。

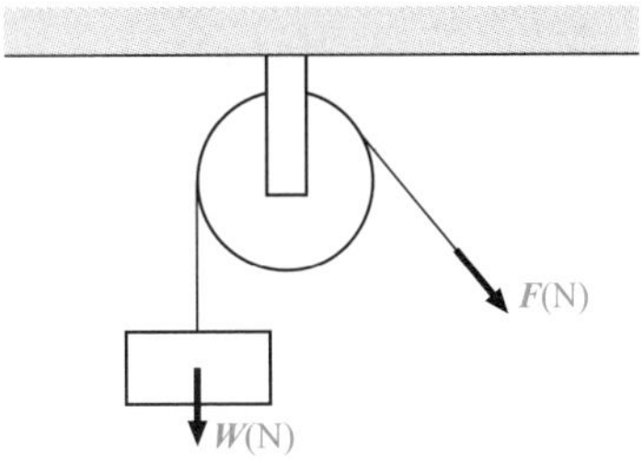

在顶棚上固定定滑轮，使连接物体的绳索跨过滑轮，向下用力拉绳索的另一端，就能提升物体（图3.30）。这时，拉力的大小不变，而方向发生改变。

动滑轮是将质量m(kg)的物体连接在滑轮上，固定在棚顶的绳索跨过滑轮而进行提升（图3.31）。这时，物体的重量是mg(N)。在这种场合，因为用两根绳索提升物体，所以提升物体的力的大小就应该是物体重量的一半，即$\frac{mg}{2}$。若只单独使用动滑轮则不能构成机械机构，需要与定滑轮等组合使用。

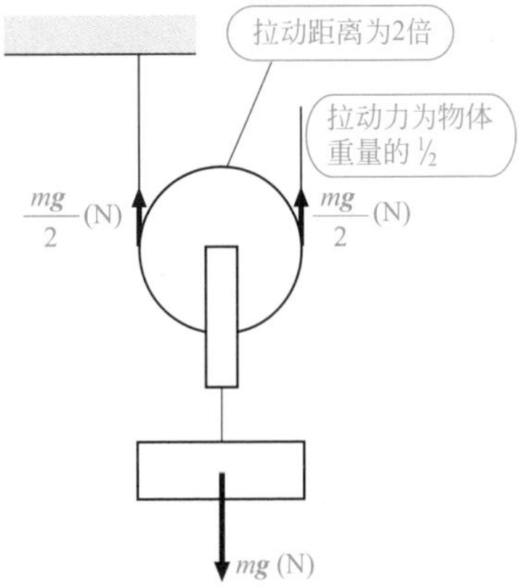

若要将物体提升到h(m)高度时，由于绳索的一端被固定，所以绳索活动端必须拉动$2h$(m)的距离。因此，这时力所做的功为：

$$W = Fs = \frac{mg}{2} \times 2h = mgh$$

这个功与不用滑轮将物体提升h(m)高度所做的功$W' = Fs = mgh$相等。

图3.30　定滑轮

拉动距离为2倍

拉动力为物体
重量的 ½

$\frac{mg}{2}$(N)　　$\frac{mg}{2}$(N)

mg (N)

图3.31　动滑轮

（3）滑轮组

如图3.32所示，半径a(m)的滑轮和半径b(m)的滑轮组合成为**滑轮组**。施加相当于质量m(kg)的物体重量mg(N)的力，物体就能够被缓慢地提升。这时，对于固定轴O转动的力矩平衡条件，有下式成立。

$$mga - Fb = 0$$

由此可见，提升力为 $F = \left(\dfrac{a}{b}\right)mg$，因此即使该力小于物体的重量，也能提升物体。

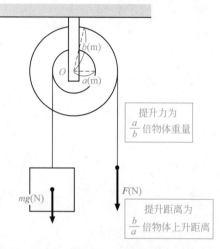

图3.32　滑轮组

使半径a(m)的滑轮转动θ角，提升物体上升h(m)高度，如果将半径b(m)的滑轮拉动h'(m)，因为同轴的滑轮转动角度θ相同，则下式成立。

$$h = a\theta$$
$$h' = b\theta$$

由上式可得：

$$h' = b\frac{h}{a}$$

力所做的功为：

$$W = Fs = \frac{a}{b}mg \times b\frac{h}{a} = mgh$$

与直接提升物体时所做的功$W' = Fs = mgh$相同。

杠杆、滑轮、滑轮组、斜面及螺纹等都是**简单机械**。这些机械的基本原理都是用较小的力去撬动大的物体。

（4）功的原理

在使用工具移动物体时，减小作用力的大小能使作业轻松，但却使移动的距离s变大。因此，使用工具，并不能改变功的大小。这就是功的原理。

实际上，由于摩擦等的存在，机械所做的功小于机械所获得的能量（功）。为此，必须设法提高机械效率（机械效率为机械所做的功与机械所获得的能量之比）。

3.12　如图3.33所示，将质量3.0kg的物体沿着15°的斜面向上提升到5.0m的高度。请求解出这时力所做的功。

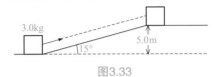

图3.33

解：

求沿着斜面提升物体的力F和移动的距离s：

$$F = mg\sin\theta = 3.0 \times 9.8\sin15° = 7.61 \text{ (N)}$$

$$s = \frac{h}{\sin\theta} = \frac{5.0}{\sin15°} = 19.3 \text{ (m)}$$

由此，所做的功W为：

$$W = Fs = 7.61 \times 19.3 = 147 \text{ (J)}$$

由功的原理进行计算，所做的功为$W = mgh = 3.0 \times 9.8 \times 5.0 = 147$ (J)，两者的结果是一致的。

3.9

机械能

能量守恒也适用于坡道上的加速场合。

❶ 动能是运动的物体所具有的能量。

❷ 势能（位能）是处于某一位置的物体所具有的能量。

(1) 能量

某一物体具有能量是说这个物体对其他物体具有做功的能力（图3.34）。因此，能量的单位与功相同，都是焦耳（J）。

由于能够对轮胎做功，所以我具有能量呀！

图3.34 能量

(2) 动能

因为运动的物体具有对其他物体做功的能力，所以也具有能量。运动的物体所具有的能量称为**动能**。

计算质量m(kg)、速度大小v(m/s)的物体A对于静止的物体B所做的功（图3.35）。若物体A与物体B碰撞，速度从v变成0。在碰撞过程中，物体A作用于物体B的力为$\boldsymbol{F}$，由作用力与反作用力定律，物体B反作用于物体A的力就应该是$-\boldsymbol{F}$。由运动方程式，设物体A的加速度大小为a，用数学式表示成：

$$ma = -F$$

在此，因为$a = \dfrac{\mathrm{d}^2 x}{\mathrm{d}t^2}$，则上式改写为：

$$m\frac{\mathrm{d}^2 x}{\mathrm{d}t^2} = -F$$

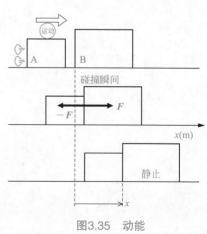

图3.35 动能

在方程式的两边，分别乘以$\dfrac{dx}{dt}$，在$0\sim t(s)$区间对t进行积分，有：

$$\int_0^t m\frac{d^2x}{dt^2}\times\frac{dx}{dt}dt = -\int_0^t F\frac{dx}{dt}dt$$

在这里，方程式的右边为：

$$\int_0^t F\frac{dx}{dt}dt = -\int_0^x Fdx$$

然而，在此设$0s$时刻的位移为$x=0$，$t(s)$时刻的位移为x。根据作用力与反作用力之间的关系，作用力F的符号是相反的，则物体A对物体B所做的功为$\displaystyle\int_0^x Fdx$。

微分计算中，存在下列关系：

$$\frac{d}{dt}\left[\left(\frac{dx}{dt}\right)^2\right]=2\left(\frac{d^2x}{dt^2}\right)\frac{dx}{dt}$$

由此，方程式的左边为：

$$\int_0^t m\frac{d^2x}{dt^2}\times\frac{dx}{dt}dt = \boxed{0-\frac{1}{2}mv^2}$$

> $0s$时的速度$v(m/s)$，
> t时刻的速度$v=0m/s$

因此，对物体B所做的功$W(J)$为：

$$W=\int_0^x Fdx=\frac{1}{2}mv^2$$

因此，质量$m(kg)$、速度$v(m/s)$的物体具有的动能用下式表示。

$$K=\frac{1}{2}mv^2 \ (J)$$

 3.13 质量$5.0kg$的物体以$4.0m/s$的速度运动（图3.36）。请求解出这时的动能K。

图3.36

解：

$$K=\frac{1}{2}mv^2=\frac{1}{2}\times 5.0\times 4.0^2 = 40 \ (J)$$

① **重力势能**。在高处的某物体具有相对于基准位置的势能。这种能量称为**重力势能**。

如图3.37所示，质量m(kg)的物体位于比基准面高h(m)的位置时，如果使这个物体自由下落，物体到达基准面时的速度由自由落体运动的计算式计算，得$\sqrt{2gh}$ (m/s)。式中，g是重力加速度的大小。因此，自由下落的物体具有了动能。动能在此之前是存储在位于高处的物体之中的。由此可见，这个物体具有的重力势能U(J)可用下式表示。

$$U = \frac{1}{2}mv^2 = \frac{1}{2}m(\sqrt{2gh})^2 = mgh$$

② **弹性势能**。安装弹簧的物体因弹簧产生的弹性作用力而能做功，这时，称弹簧具有**弹性势能**。

当弹性系数为k(N/m)的弹簧由自然长度伸长x(m)时，基于胡克定律$F = kx$，弹簧为恢复原来状态会产生弹性力F（图3.38）。如果在这个伸长的弹簧前端安装一个物体，弹簧就会对这一物体做功。

弹簧恢复到自然长度，对物体所做的功可用下式表示：

$$W = \int_x^0 F\mathrm{d}x = \int_x^0 (-kx)\,\mathrm{d}x = \frac{1}{2}kx^2 \ (\mathrm{J})$$

这表示弹簧具有的弹性势能U(J)为：

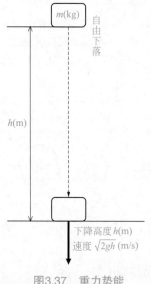

图3.37　重力势能

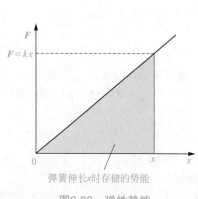

图3.38　弹性势能

$$U = \frac{1}{2}kx^2 \text{ (J)}$$

3.14 质量2.0kg的物体位于高于基准面5.0m的高度（图3.39）。请求解出这个物体具有的重力势能U(J)。

图3.39

解：

物体具有的重力势能U(J)由下式求得。

$$U = mgh = 2.0 \times 9.8 \times 5.0 = 98 \text{ (J)}$$

3.15 弹性系数（弹簧常数）k为20N/m的弹簧被拉长0.30m（图3.40）。请求解出这个弹簧所具有的弹性势能U(J)。

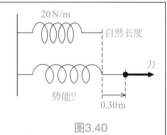

图3.40

解：

弹簧所具有的弹性势能U(J)由下式求得。

$$U = \frac{1}{2}kx^2 = \frac{1}{2} \times 20 \times 0.30^2 = 0.90 \text{ (J)}$$

（4）机械能

动能和势能之和称为**机械能**。

势能所确定的力称为**保守力**。保守力还有重力（万有引力）、弹性力、静电力等。在保守力以外的其他力不对物体做功时，物体的机械能保持不变（机械能守恒定律）。

过山车静静地从距离地面40m的高度处开始移动（图3.41）。
设轨道的各部分都没有摩擦。这时，请求解出过山车在距离地面
20m高度时的速度和在地面上的速度。

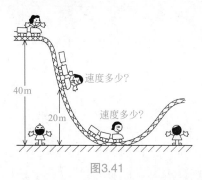

图3.41

解：

过山车在运动之前所具有的机械能只是重力势能。在处于20m高度位置
时，若过山车的速度为v，则可表示为：

$$mgh = \frac{1}{2}mv^2 + mgh'$$

在此式中，如果消除式两边所共有的质量m，就成为$gh = \frac{1}{2}v^2 + gh'$。由此，
在式中代入已知数值，有：

$$9.8 \times 40 = \frac{1}{2}v^2 + 9.8 \times 20$$

由上式，求出速度v。

$$\frac{1}{2}v^2 = 9.8 \times (40 - 20)$$

$$v^2 = 392$$

$$v = \sqrt{392} \approx 20 \ (\text{m/s})$$

若将到达地面时的速度设为v'，有式$mgh = \frac{1}{2}mv'^2$成立，则得：

$$\frac{1}{2}v'^2 = gh$$

$$\frac{1}{2}v'^2 = 9.8 \times 40$$

$$v^2 = 784$$

$$v = \sqrt{784} = 28 \ (\text{m/s})$$

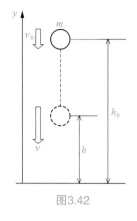

3.17 在质量 m(kg)的物体上作用的重力是 mg(N)，运动方程式用 $ma = -mg$ 表示。在方程式的两边同时乘以 v(m/s)，在 0~t(s)区间内对时间求积分，结果体现了机械能守恒定律。

如图3.42所示，在0 s时刻，设速度为 v_0(m/s)、高度为 h_0(m)；在 t(s)时刻，设速度为 v(m/s)、高度为 h(m)。

图3.42

解：

在方程 $ma = -mg$ 的两边乘以 v，对时间 t 进行积分，得：

$$\int_0^t mva\,\mathrm{d}t = \int_0^t -mgv\,\mathrm{d}t$$

在此，考虑 $a = \dfrac{\mathrm{d}v}{\mathrm{d}t}$ 和 $v = \dfrac{\mathrm{d}y}{\mathrm{d}t}$ 的关系，上式就变成：

$$\int_0^t mv\frac{\mathrm{d}v}{\mathrm{d}t}\,\mathrm{d}t = \int_0^t -mg\frac{\mathrm{d}y}{\mathrm{d}t}\,\mathrm{d}t$$

上式的积分是对时间 t 进行的，将方程的左边置换为对 v 的积分，方程的右边置换为对 y 的积分，则有：

$$\int_{v_0}^{v} mv\,\mathrm{d}v = \int_{h_0}^{h} -mg\,\mathrm{d}y$$

计算之后，将负号的项进行移项，就得到：

$$\frac{1}{2}mv^2 + mgh = \frac{1}{2}mv_0^2 + mgh_0$$

方程的右边是物体在 0 s时刻的机械能，左边是物体在 t (s)时刻的机械能，此式表明了机械能守恒。

3.10

惯性力

向心力表现为离心力。

❶ 向心力是使物体能够做圆周运动的力，向心力与离心力是相反的力。

❷ 从以加速度a运动的观察者来看，质量m的物体上作用有$-ma$的惯性力。

（1）匀速圆周运动的加速度和力

如图3.43所示，质量m的物体做匀速圆周运动。如果设圆的半径为r(m)、物体的速度为v(m/s)、角速度为ω(rad/s)，匀速圆周运动的加速度a(m/s^2)就表示为 $a = r\omega^2 = \dfrac{v^2}{r}$。因为匀速圆周运动具有指向圆心方向的加速度，所以由运动方程式 $F = ma$得知，在物体上作用有引起圆周运动的力。这个力的方向与加速度的方向一致，指向圆的中心。引起这种匀速圆周运动的力称为**向心力**。

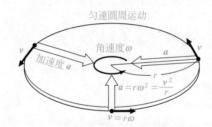

图3.43　匀速圆周运动的受力分析

向心力F的大小由运动方程式$F = ma$计算，用下式表示为：

$$F = mr\omega^2 = m\frac{v^2}{r}$$

（2）离心力

在和物体做同样运动的观察者看来，物体似乎是静止的。这时，实际作用在物体上的力只是向心力，但从观察者的角度看来，物体上似乎作用有与向心力相反的力。这种与向心力平衡的力称为**离心力**。

质量m(kg)的物体以角速度ω(rad/s)在半径r(m)的圆周上旋转时，作用在这个物体上的离心力F(N)的大小表示为：

$$F = mr\omega^2 = m\frac{v^2}{r}$$

离心力的方向是从圆心指向远方。

(3) 圆锥摆

考虑圆锥摆作为匀速圆周运动的实例。如图3.44所示，长度L(m)的线绳固定在棚顶，另一端系质量m(kg)的重锤，使其在水平面内做匀速圆周运动。设线绳与铅垂线所构成的夹角为θ、从棚顶至圆周运动的平面的高度为H(m)时，分析这种圆周运动的周期。

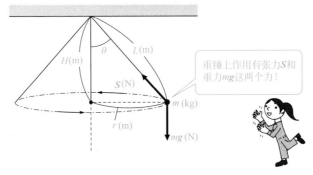

重锤上作用有张力S和重力mg这两个力！

图3.44　圆锥摆

在重锤上作用的力有重力和线绳的张力。设张力的大小为S(N)，重力的大小为mg(N)，如图3.44所示。

在此，竖直方向的平衡条件成立，平衡式如下：

$$S\cos\theta - mg = 0$$

由此式，求得的张力S(N)为：

$$S = \frac{mg}{\cos\theta}$$

另外，在水平方向上，作用有张力的分力$S\sin\theta$(N)。这个分力$S\sin\theta = \left(\dfrac{mg}{\cos\theta}\right)\sin\theta = mg\tan\theta$就是圆周运动的向心力。因此，如果设这一匀速圆周运动的半径为r(m)、角速度为ω(rad/s)，则下式成立。

$$mr\omega^2 = mg\tan\theta = mg\frac{r}{H}$$

因此，这种圆锥摆的周期T(s)为：

$$T = \frac{2\pi}{\omega} = 2\pi\sqrt{\frac{H}{g}} \text{ (s)}$$

式中，$\omega = \sqrt{\frac{g}{H}}$，rad/s。

由上述公式可知，圆锥摆的高度H(m)取决于角速度ω。如果转速变快，高度H就减小，这时重锤就上升；如果转速变慢，高度H就增加，这时重锤就下降。利用这一原理，人们制造出了通过重锤的高度变化，使旋转速度保持一定的**调速器**（图3.45）。

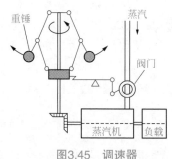

图3.45　调速器

在圆锥摆的运动中，必须有$L > H$这一条件成立。因此，由这一条件有：

$$\omega > \sqrt{\frac{g}{L}}$$

3.18 在圆锥摆的转速由100r/min增加到200r/min时，请求解出重锤上升了多少米（m）？

解：

由条件$\omega = \sqrt{\frac{g}{H}}$和$\omega = \frac{2\pi n}{60}$，可得：

$$H_1 - H_2 = \frac{g}{\omega_1^2} - \frac{g}{\omega_2^2}$$

$$= \frac{9.8}{\frac{4 \times 3.14^2 \times 100^2}{60^2}} - \frac{9.8}{\frac{4 \times 3.14^2 \times 200^2}{60^2}}$$

$$= \frac{9.8 \times 60^2}{4 \times 3.14^2}\left(\frac{1}{100^2} - \frac{1}{200^2}\right)$$

$$= 0.067 \text{ (m)}$$

由此可见，重锤上升了0.067m。

（4） **惯性力**

下面从另外的视角来分析圆锥摆的运动。如果将运动方程式$ma=F$的左边移项到右边，就能表示成：

$$F+(-ma)=0$$

换句话说，可以认为力（$-ma$）与F分别作用于正在做加速运动的物体上，并且两者合力为零。这可以解释为：受力作用做加速运动的物体由于试图保持原始运动状态（惯性）而沿运动相反方向施加力并保持平衡状态。这就是**达朗贝尔原理**。该力（$-ma$）称为惯性力，但显然这是一种不起作用的假想力。离心力也是惯性力的一种（图3.46）。

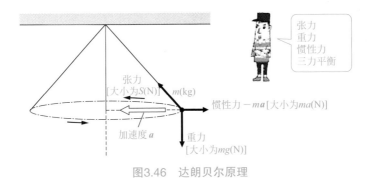

图3.46 达朗贝尔原理

如果行驶中的列车紧急刹车，乘客似乎就会向前方倾倒。同样，停止的汽车突然行驶，乘客就感觉像是被拉向后方。这些都是由惯性力引起的现象。

3.11
万有引力

万有引力

两个物体之间必然存在有相互作用的万有引力。

❶ 开普勒定律是关于行星运动的三大定律。

❷ 两个物体之间一定存在万有引力。

❸ 万有引力的大小与两个物体的质量乘积成正比，与它们的距离平方成反比。

（1）开普勒定律

从古希腊时代到15世纪，天体环绕着地球进行运动的**地心说**占有主导地位[图3.47（a）]。

进入15世纪，哥白尼发表了无论地球还是行星都以太阳为中心运动的**日心说**[图3.47（b）]。进入17世纪，开普勒以先人的精确观测结果为基础，提出了**开普勒定律**。

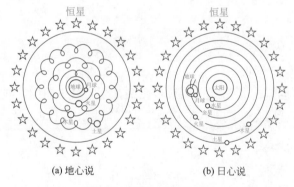

(a) 地心说   (b) 日心说

图3.47　地心说和日心说

★词汇解释★　开普勒定律

第一定律（轨道定律）：所有行星都在以太阳为一个焦点的椭圆轨道上绕太阳转动。

第二定律（**面积定律**，见图3.48）：对任意一个行星来说，它与太阳的连线在单位时间内扫过的面积是一定的。

第三定律（周期定律）：所有行星公转周期的二次方与轨道长半轴长度的三次方的比值都是相同的值。

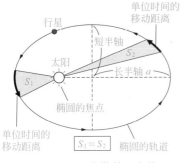

图3.48 开普勒第二定律

表3.1 太阳系行星的周期、长半轴

项目	公转周期 T/ 年	长半轴长度 a/ 天文单位^①	$\dfrac{T^2}{a^3}$
水星	0.241	0.387	1.0005
金星	0.615	0.723	1.0002
地球	1.00	1.00	1.0000
火星	1.88	1.52	1.0001
木星	11.9	5.20	0.9992
土星	29.5	9.55	0.9948
天王星	84.0	19.2	0.9946
海王星	164.8	30.1	0.9946

① 1天文单位≈$1.5×10^{11}$m=地球公转轨道的长半轴长度。

在第三定律的关系中将比例系数设为k的话，就能用下式表示。

$$T^2 = ka^3$$

在表3.1中列出太阳系行星的周期等数据，供参考。

（2） 万有引力定律

在两个物体之间必定相互作用有引力，这个引力就是**万有引力**。如图3.49所示，在质量m_1(kg)的物体和质量m_2(kg)的物体相互离开距离r(m)时，作用在两个物体上的万有引力的大小F(N)可以用下式表示为：

$$F = G \frac{m_1 m_2}{r^2} \ (\text{N})$$

在这里，G是万有引力常数，取$G = 6.67 × 10^{-11}$ N·m²/kg²。由作用力与反作用力定律得知，相互作用的万有引力大小是相等的。

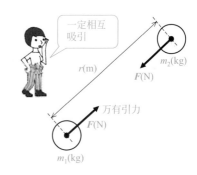

图3.49 万有引力定律

然后，采用关于行星运动的开普勒定律，万有引力F表示成$F = G\left(\dfrac{m_1 m_2}{r^2}\right)$。如果质量$m$(kg)的行星围绕着太阳做匀速圆周运动，设运动速度为v(m/s)、周期为T(s)、圆周的半径为r(m)，向心力的大小F(N)可用下式表示：

$$F = m \frac{v^2}{r} \ (\text{N})$$

由于周期和速度之间有如下的关系成立：

$$T = \frac{2\pi r}{v} \ (\text{s})$$

将上式代入开普勒第三定律的公式，有：

$$T^2 = \frac{4\pi^2 r^2}{v^2} = kr^3$$

将上式变形，得：

$$v^2 = \frac{4\pi^2 r^2}{kr^3} = \frac{4\pi^2}{kr}$$

由此，向心力F能用下式表示。

$$F = m\frac{v^2}{r} = m\frac{\frac{4\pi^2}{kr}}{r} = \frac{4\pi^2 m}{kr^2}$$

这一公式意味着向心力与行星的质量成正比，与运行轨道半径的平方成反比，即万有引力在行星运动过程中起着向心力的作用。

另外，根据作用与反作用定律，相同的引力也作用在太阳上。因此，万有引力不仅与行星的质量成正比，也与太阳的质量成正比。这里，比例系数$\frac{4\pi^2}{k}$是万有引力常数$G(\mathrm{N \cdot m^2/kg^2})$和太阳质量$M(\mathrm{kg})$的乘积。因此，向心力用下式表示。

$$F = G\frac{mM}{r^2}$$

这就是万有引力定律。

（3） 万有引力的大小与重力的大小

作用在地球上物体的重力大小是$W = mg$。这与万有引力之间有什么关系呢？

地球作用在地球上物体的引力可以看作是地球各部分万有引力的合力，这一引力和地球自转产生的离心力的合力即为重力。

由于离心力相对于万有引力较小，因此重力的方向通过地球的质量中心。而且，重力加速度的大小可由重力＝万有引力求出：

$$mg = G\frac{Mm}{R^2}$$

即

$$g = G\frac{M}{R^2}$$

式中，R为地球的半径；M为地球的质量。

3.19　设地球上的重力加速度为$9.8\mathrm{m/s^2}$、地球的半径为$6.40 \times 10^3 \mathrm{km}$、万有引力常数为$6.67 \times 10^{-11}$ $\mathrm{N \cdot m^2/kg^2}$，请求解出地球的质量为多少（kg）。

解：

由 $g=G\dfrac{M}{R^2}$ 得 $M=\dfrac{gR^2}{G}$，用此式代入数值进行计算。

$$M=\frac{9.80\times\left(6.40\times10^6\right)^2}{6.67\times10^{-11}}=\frac{9.8\times6.4^2\times10^{12}}{6.67\times10^{-11}}=6.02\times10^{24}\ (\text{kg})$$

（4）万有引力的势能

万有引力是保守力，具有势能。质量 m(kg)的物体距离固定在某一点的质量 M(kg)的物体 r(m)，取距质量 M(kg)无穷远时的势能为零，则物体具有的势能可用下式表示：

$$U=\int_{\infty}^{r}G\frac{Mm}{r^2}\,\mathrm{d}r=-G\frac{Mm}{r}$$

人造卫星因地球的引力而具有势能。质量 m(kg)的人造卫星如果以速度 v(m/s) 在离开地球中心 r(m)的轨道上运动，人造卫星所具有的机械能 E 可用下式表示：

$$E=K+U=\frac{1}{2}mv^2+\left(-G\frac{Mm}{r}\right)$$

3.20 以初始速度 v_0(m/s)竖直向上发射人造卫星（图3.50）。请求解出人造卫星不再返回地球的初始速度 v_0。

图3.50

解：

为使人造卫星不再返回地球，卫星在某一位置所具有的机械能要满足下式：

$$E=\frac{1}{2}mv^2+\left(-G\frac{Mm}{r}\right)\geqslant0$$

因此，地面的人造卫星机械能满足下式：

$$E=\frac{1}{2}mv_0^2+\left(-G\frac{Mm}{R}\right)\geqslant0$$

由于 $M=\dfrac{gR^2}{G}$，代入上式得：

$$v_0\geqslant\sqrt{2gR}=\sqrt{2\times9.8\times6.4\times10^6}=11.2\times10^3\ (\text{m/s})$$

习　题

习题1　质量5.0kg的物体A被放置在光滑的桌面上。如图3.51所示，线绳的一端系在物体A上，另一端跨过滑轮系在质量2.0kg的物体B上。物体A向右移动，物体B竖直向下运动。请求解出这时加速度的大小。

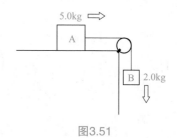

图3.51

习题2　质量4.0kg的物体A放置在表面粗糙的斜面上。如图3.52所示，绳索的一端系在物体A上，另一端跨过滑轮系在质量3.0kg的物体B上。设物体A和斜面的动摩擦因数为0.20时，请求解出物体的加速度大小。

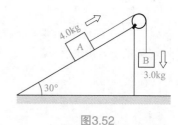

图3.52

习题3　如图3.53所示，质量2.0kg的物体A从2.5m的高度以初始速度0沿着光滑的斜面滑下，与质量1.0kg的物体B发生碰撞。设物体A和物体B的恢复系数为0.30，请求解出碰撞后物体B上升的高度h。

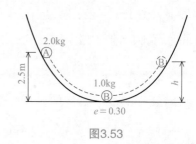

图3.53

习题4　如图3.54所示，以72km/h速度行驶的质量1000kg的汽车急刹车后行进40m停止。其动能减少了多少？另外，在使汽车停止时，设定作用于汽车轮胎的摩擦是一定的，请求解出摩擦力的大小。

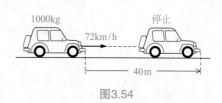

图3.54

习题5　从地面水平射击子弹。如果提高子弹速度，子弹在某一速度时就会贴着地球表面旋转。请求解出这时的子弹速度。这里，设地球的半径为6.4×10^3 km。

第**4**章

机械的运动学2
——刚体力学

在此之前，我们都是将物体看作质点，但实际的物体具有形状，因此必须考虑物体的旋转。

刚体是指即使施加外力，也可以忽略其变形的物体。在本章中，通过学习刚体力学，我们可以理解更具体的机械运动。

我的运动可以用
三个绕轴转动的
方程式表示！

4.1

刚体的运动

刚体运动别忘记质量和转动。

❶ 刚体是指即使施加作用力，也能忽视其变形的物体。

❷ 在刚体运动中有平行移动和绕轴转动。

❸ 刚体的空间运动可以看作是围绕三个通过重心的轴的运动。

(1) 刚体

刚体是即使施加了作用力，也不发生变形的物体（图4.1）。实际上无论任何物体只要在其上施加了力，或多或少都会发生变形，但在其变形较小的时候，能够将其作为刚体来考虑。这时，受力刚体内任意两点间的距离始终保持不变。

硬式棒球只是手握
不会发生变形！

图4.1　刚体

(2) 刚体的平面运动

当外力作用在刚体的某个平面上时，刚体内部的点开始做平行于该平面的**平面运动**。刚体的平面运动是指刚体中所有的点都以相同的速度和加速度进行**平移运动**［图4.2（a）］以及围绕刚体中的某点进行旋转的**定轴转动**［图4.2（b）］。

因此，看似复杂的机械的平面运动也可以认为是这种平移运动与定轴转动的组合。

到目前为止的研究，**质点**被认为不具有体积或形状，而只是物体内质量的集中点。刚体则是具有一定尺寸的。

特别重要的是，质点是点，分析其运动时可以不考虑转动，但对于刚体则必须考虑转动，因此，要应用到有关转动的运动方程式。

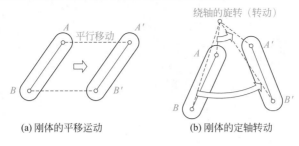

(a) 刚体的平移运动   (b) 刚体的定轴转动

图4.2　刚体的平面运动

③ 刚体的空间运动

刚体的**空间运动**可以看成是质量集中在刚体重心上的"质点的运动"以及"绕三个通过重心的轴的旋转运动"。

如图4.3所示，物体在空间中的姿态可以用三个独立的旋转角度表示。这由固定在空间中的静坐标系所面向的方向表示。同时，还必须考虑三个轴的每个轴所表示的旋转状态。

因此，物体的姿态由六个分量（自由度）表示。在表示机器人的运动机构时也使用这个方法，如图4.4所示。

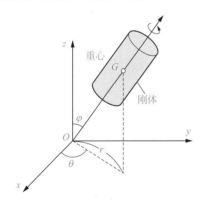

图4.3　刚体的空间运动

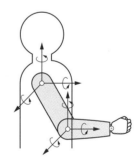

图4.4　机器人的运动机构

4.2

转动惯量

减小旋转半径，转动惯量就会变小，容易转动！

 .... 半径小的物体容易转动。

❶ 转动惯量表示的是物体绕定轴旋转的惯性。

❷ 转动惯量能够用平行轴定理和垂直轴定理来进行推导。

(1) 绕定轴的旋转运动

如图4.5所示，分析刚体围绕通过重心的固定轴O'进行的旋转运动。这时，刚体内部的各点都在垂直于轴O'的平面内进行圆周运动。

在刚体以一定的角加速度$\alpha(\text{rad/s}^2)$进行旋转时，在半径$r_i(\text{m})$的位置上的微小质量块$m_i(\text{kg})$具有加速度，如果设作用在这个质量块上的圆周力大小为$F_i(\text{N})$，有如下的运动方程式成立。

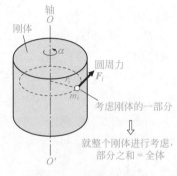

图4.5 定轴转动

$$m_i r_i \alpha = F_i \ (\text{N})$$

等式两边乘r_i，就能够求解出由这一力F_i产生的绕轴的力矩。

$$m_i r_i^2 \alpha = F_i r_i \ (\text{N} \cdot \text{m})$$

考虑整个刚体，则有：

$$\left(\sum_i m_i r_i^2 \right) \alpha = \sum_i F_i r_i$$

式中，右边的$\sum_i F_i r_i$是围绕轴转动的力矩总和，相当于外部作用于刚体的转动力矩T。

另外，用积分形式表示左边的$\sum_i m_i r_i^2$：

$$I = \int r^2 \mathrm{d}m$$

I称为**转动惯量**。**转动惯量**表示物体围绕定轴转动时惯性的量度。如果将其代入的话，旋转运动的运动方程式就可以用下式表示：

$$I\alpha = T \ (\text{N} \cdot \text{m})$$

转动惯量是个不太好理解的量，但上式似乎与$ma = F$有相同的形式，我们可以把它理解成直线运动中的质量。

（2） 转动惯量

如前所述，转动惯量可用下式表示。

$$I = \sum_i m_i r_i^2 \quad \text{或者} \quad I = \int r^2 \mathrm{d}m$$

这里，若刚体的总质量为M，则转动惯量就能够用下式表示：

$$I = Mk^2 \quad \text{或者} \quad k = \sqrt{\frac{I}{M}}$$

式中，k为旋转半径。刚体转动时，刚体的质量等效集中在某一点上（保持围绕固定轴的惯性矩不变），该点到轴的距离即为k。转动惯量的单位是$\mathrm{kg \cdot m^2}$，旋转半径的单位是m。

在工程应用中，经常用面积A取代质量m来计算转动惯量。此时，$\mathrm{d}A$是与轴距离为r处的单元面积。

$$I = \int r^2 \mathrm{d}A$$

这一计算式与上面公式一样，能够用$I = Ak^2$或者$k = \sqrt{\dfrac{I}{A}}$表示。I称为**截面惯性矩**（单位为$\mathrm{m^4}$），k称为**截面惯性半径**。

（3） 平行轴定理

如图4.6所示，当已知刚体（质量为M）对通过重心G的旋转轴的转动惯量I_G时，刚体对平行于该轴且与其距离为d的另一轴的转动惯量I可用下式表示。

$$I = I_G + Md^2$$

这称为**平行轴定理**。

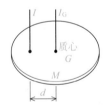

图4.6　平行轴定理

（4） 垂直轴定理

在图4.7所示的平面内，当已知绕相互垂直的x轴和y轴的转动惯量为I_x和I_y时，薄板绕与这两轴垂直的z轴的转动惯量用下式表示，称为**垂直轴定理**。这样的对垂直轴的转动惯量称为**极转动惯量**。

图4.7　垂直轴定理

$$I_z = I_x + I_y$$

利用上述两个定理，就能够计算出物体的转动惯量。

4.1 图4.8中展示出了长度2.0m、质量5.0kg的细长棒。请求解出其绕y轴和y'轴的转动惯量I_y和$I_{y'}$以及旋转半径k_y和$k_{y'}$。

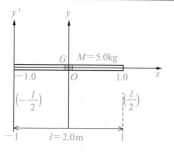

图4.8 细长棒的转动惯量

解：

分析长度l、质量M的细长棒。因为棒的单位长度的质量由M/l可以写成$dm = (M/l)dx$，所以绕通过位于几何中心的重心G的y轴的转动惯量可以用如下的积分求解出。

$$I_y = \int_{-\frac{l}{2}}^{\frac{l}{2}} \frac{M}{l} x^2 dx = \frac{2M}{l} \int_0^{\frac{l}{2}} x^2 dx = \frac{1}{12} M l^2$$

由此，旋转半径k_y能用下式表示：

$$k_y = \sqrt{\frac{I_y}{M}} = \sqrt{\frac{Ml^2}{12} \times \frac{1}{M}} = \sqrt{\frac{l^2}{12}} = \frac{l}{2\sqrt{3}}$$

因此，在式中代入$l = 2.0$m、$M = 5.0$kg，求解得到如下的结果：

$$I_y = \frac{1}{12} M l^2 = \frac{1}{12} \times 5.0 \times 2.0^2 = 1.7 \, (\text{kg} \cdot \text{m}^2)$$

$$k_y = \frac{l}{2\sqrt{3}} = \frac{2.0}{2\sqrt{3}} = \frac{\sqrt{3}}{3} = 0.58 \, (\text{m})$$

利用平行轴定理，绕y'轴的转动惯量$I_{y'}$用下式表示：

$$I_{y'} = I_y + M \left(\frac{l}{2}\right)^2 = \frac{1}{12} M l^2 + \frac{1}{4} M l^2 = \frac{1}{3} M l^2$$

由此，旋转半径$k_{y'}$用下式表示：

$$k_{y'} = \sqrt{\frac{I_{y'}}{M}} = \sqrt{\frac{Ml^2}{3} \times \frac{1}{M}} = \frac{l}{\sqrt{3}}$$

式中，代入$l = 2.0\text{m}$、$M = 5.0\text{kg}$，求解得到如下的结果：

$$I_{y'} = \frac{1}{3}Ml^2 = \frac{1}{3} \times 5.0 \times 2.0^2 = 6.7 \ (\text{kg} \cdot \text{m}^2)$$

$$k_{y'} = \frac{l}{\sqrt{3}} = \frac{2.0}{\sqrt{3}} = \frac{2\sqrt{3}}{3} = 1.2 \ (\text{m})$$

4.2 图4.9中示出了半径1.0m、质量4.0kg的薄圆板。请求解出其绕中心轴的转动惯量I_x、I_y、I_z，以及旋转半径k_x、k_y、k_z。

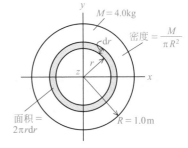

图4.9 圆板的转动惯量

解：

分析半径R、质量M的薄圆板。如图4.9所示那样考虑半径r、宽度dr的微小圆环的面积，因为这部分的质量是$\left(\dfrac{M}{\pi R^2}\right)2\pi r dr$，所以通过圆板的中心，绕垂直这个截面的$z$轴的极转动惯量用下式表示：

$$I_z = \int_0^R r^2 \frac{M}{\pi R^2} 2\pi r dr = \frac{2M}{R^2} \int_0^R r^3 dr = \frac{1}{2}MR^2$$

由此式，旋转半径k_z用下式表示：

$$k_z = \sqrt{\frac{I_z}{M}} = \frac{R}{\sqrt{2}}$$

由此，在式中代入$R = 1.0\text{m}$、$M = 4.0\text{kg}$，计算结果为：

$$I_z = \frac{1}{2}MR^2 = \frac{1}{2} \times 4.0 \times 1.0^2 = 2.0 \ (\text{kg} \cdot \text{m}^2)$$

$$k_z = \frac{R}{\sqrt{2}} = \frac{1.0}{\sqrt{2}} = \frac{\sqrt{2}}{2} = 0.71 \ (\text{m})$$

基于垂直轴定理，绕相互垂直的x轴和y轴的转动惯量用下式表示：

$$I_z = I_x + I_y = \frac{1}{2}MR^2$$

由于薄圆板相对x轴和y轴都是对称的，则有：

$$I_x = I_y = \frac{1}{2}I_z = \frac{1}{4}MR^2$$

旋转半径k_x、k_y用下式表示：

$$k_x = k_y = \sqrt{\frac{I_x}{M}} = \frac{R}{2}$$

由此，代入数值得：

$$I_x = I_y = \frac{1}{4}MR^2 = \frac{1}{4} \times 4.0 \times 1.0^2 = 1.0 \ (\text{kg} \cdot \text{m}^2)$$

$$k_x = k_y = \frac{R}{2} = \frac{1.0}{2} = 0.50 \ (\text{m})$$

（5）**常见形状刚体的转动惯量**

各种形状的刚体转动惯量见图4.10～图4.19。

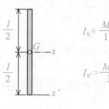

$$I_x = \frac{Ml^2}{12}$$

$$I_{x'} = \frac{Ml^2}{3}$$

图4.10 细长棒

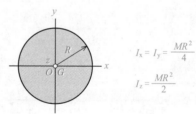

$$I_x = I_y = \frac{MR^2}{4}$$

$$I_z = \frac{MR^2}{2}$$

图4.11 圆板

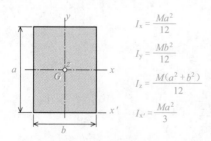

$$I_x = \frac{Ma^2}{12}$$

$$I_y = \frac{Mb^2}{12}$$

$$I_z = \frac{M(a^2+b^2)}{12}$$

$$I_{x'} = \frac{Ma^2}{3}$$

图4.12 长方形板

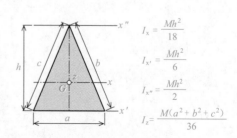

$$I_x = \frac{Mh^2}{18}$$

$$I_{x'} = \frac{Mh^2}{6}$$

$$I_{x''} = \frac{Mh^2}{2}$$

$$I_z = \frac{M(a^2+b^2+c^2)}{36}$$

图4.13 三角形板

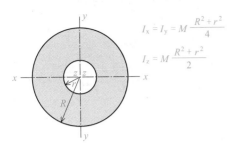

$$I_x = I_y = M\frac{R^2 + r^2}{4}$$

$$I_z = M\frac{R^2 + r^2}{2}$$

图4.14　环形板

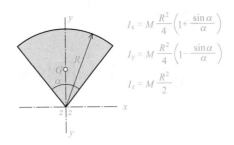

$$I_x = M\frac{R^2}{4}\left(1 + \frac{\sin\alpha}{\alpha}\right)$$

$$I_y = M\frac{R^2}{4}\left(1 - \frac{\sin\alpha}{\alpha}\right)$$

$$I_z = M\frac{R^2}{2}$$

图4.15　扇形板

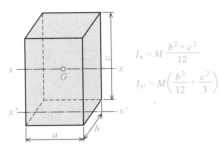

$$I_x = M\frac{b^2 + c^2}{12}$$

$$I_{x'} = M\left(\frac{b^2}{12} + \frac{c^2}{3}\right)$$

图4.16　长方体

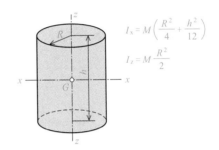

$$I_x = M\left(\frac{R^2}{4} + \frac{h^2}{12}\right)$$

$$I_z = M\frac{R^2}{2}$$

图4.17　圆柱体

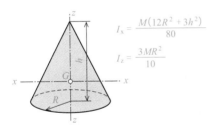

$$I_x = \frac{M(12R^2 + 3h^2)}{80}$$

$$I_z = \frac{3MR^2}{10}$$

图4.18　圆锥体

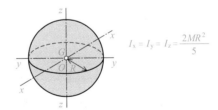

$$I_x = I_y = I_z = \frac{2MR^2}{5}$$

图4.19　球体

4.3

角动量（刚体的转动）

同样质量、同样速度及同样体积的刚体，转动半径越大，角动量就越大！

角动量因转动半径不同而不同。

❶ 角动量在旋转运动中体现的是转动状态特征的量。
❷ 角动量在直线运动中体现的是与动量对应的概念。

（1） 矢量的矢量积（外积）

矢量的矢量积定义为：

$$C = A \times B$$
$$|C| = |A \times B| = |A||B|\sin\theta$$

在图4.20中，θ是矢量A与矢量B所构成的夹角，C是垂直于矢量A和矢量B的矢量。

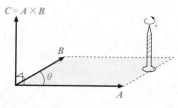

图4.20　矢量积

C的方向可以认为有两个，而两个方向都与这两个矢量所在的平面垂直。在$A \times B$的场合，当从A向B转动右螺纹时，矢量的方向就表示为螺纹行进的方向（在$B \times A$时，方向正相反）。

（2） 刚体的角动量

在质点的运动中，需要考虑动量这一物理量。在研究刚体运动的场合，**角动量**这一物理量也是重要的。

角动量的定义如下：

$$l = r \times p$$

式中，r是位置矢量（距离）；p是动量矢量。

进而，如图4.21所示，研究在刚体围绕通过其重心的轴进行旋转时，刚体的角动量。刚体内部的各点都在与轴垂直的平面内，以角速度ω(rad/s)做圆周运动。圆周运动的速度方向是圆周各点的切线方向。这时，刚体的一部分在r_i位置的角动量l_i为：

$$l_i = r_i \times p_i$$

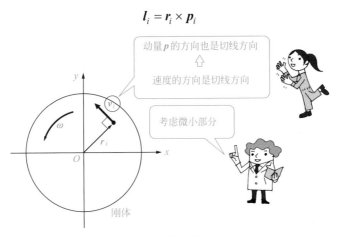

图4.21　刚体的旋转运动

在这里，由动量的大小为$p_i = m_i v_i$，速度的大小可以表示成$v_i = r_i \omega$，角动量的大小l_i就成为：

$$l_i = |r_i||p_i|\sin\theta = r_i m_i r_i \omega \sin 90^\circ = m_i r_i^2 \omega$$

将各微小单元i的角动量进行叠加取和的话，就有：

$$\sum_i l_i = \sum_i m_i r_i^2 \omega$$

此时，转动惯量$I = \sum_i m_i r_i^2$，如果设各部分的角动量大小之和为$\sum_i l_i = L$，则有：

$$L = I\omega \quad (\mathrm{kg \cdot m^2 / s})$$

角动量的方向是$r_i \times p_i$的方向，即从纸的里面朝纸的外面的方向。

旋转运动的运动方程式为：

$$I\alpha = T$$

将此式用角动量的大小L表示，由$\alpha = \dfrac{\mathrm{d}\omega}{\mathrm{d}t}$，则有：

$$\frac{\mathrm{d}L}{\mathrm{d}t} = T$$

另外，旋转力矩T也可用矢量积表示，为$T = r \times F$。

4.4

刚体的平面运动

建立旋转刚体的运动方程式。

❶ 刚体的运动方程式可以根据直线运动的方程式进行类推来考虑。

❷ 求解建立的刚体的运动方程式。

(1) 刚体的运动方程式

在刚体平面运动中的旋转运动方程式（旋转力矩 T、转动惯量 I 以及角加速度 α）为：

$$I\alpha = T \quad (\text{N·m})$$

这个公式的形状与没有考虑旋转的直线运动的方程式相似。例如，直线运动的方程式为：

$$ma = F \quad (\text{N})$$

转动惯量 I 对应于质量 m，角加速度 α 对应于加速度 a，旋转力矩 T 对应于力 F。

 4.3 如图4.22所示，在质量0.50kg、半径0.10m的圆板上缠绕线绳，将线绳的一端固定之后，一旦放开圆板，圆板就会一边转动、一边下落。请求解出在这种运动中的重心加速度 a(m/s²)的大小和线绳的张力 S(N)大小。

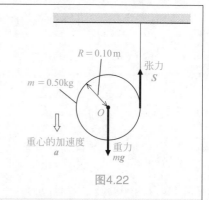

$R = 0.10\text{m}$

张力 S

$m = 0.50\text{kg}$

O

重心的加速度 a

重力 mg

图4.22

解：

分析质量为 m、半径为 R 的圆板。在这个圆板上作用的力包括线绳的张力 S 和重力 mg。在这里，设加速度为 a 的话，就能够建立如下运动方程式。

$$ma = mg + (-S) \quad (\text{N})$$

然后，将建立的围绕重心进行旋转的转动运动的方程式用下式表示：

$$I\alpha = T = SR \quad (\text{N·m})$$

圆板的转动惯量可以用 $I = \frac{1}{2}mR^2$ 表示。另外，在半径为 R 时，加速度 a 和角加速度 α 之间存在 $a = R\alpha$ 这一关系。因此，从这些方程式中消去 S，即求解得到圆板的角加速度 α。

圆板的角加速度为：

$$\alpha = \frac{2g}{3R} \ (\text{rad} / \text{s}^2)$$

重心的加速度为：

$$a = \frac{2g}{3} \ (\text{m/s}^2)$$

因此，线绳的张力 S 为：

$$S = I\frac{\alpha}{R} = \frac{1}{2}mR^2\frac{2g}{3R^2} = \frac{1}{3}mg \ (\text{N})$$

在上述公式中，代入 $m = 0.50\text{kg}$、$R = 0.10\text{m}$，求解得到如下的数值。

$$a = \frac{2g}{3} = \frac{2 \times 9.8}{3} = 6.5 \ (\text{m/s}^2)$$

$$S = \frac{1}{3}mg = \frac{1}{3} \times 0.50 \times 9.8 = 1.6 \ (\text{N})$$

4.4 如图4.23所示，质量为 1.0kg、半径为0.10m的圆柱，沿着倾斜角为30°的斜面无滑动地转动。请求解出在这种运动中的重心加速度 $a(\text{m/s}^2)$ 的大小和作用在圆柱上的摩擦力 $F(\text{N})$ 的大小。

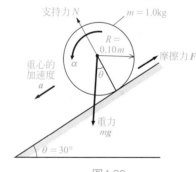

图4.23

解：

分析的是质量为 m、半径为 R 的圆柱沿着倾斜角为 θ 的斜面所进行的滚动。作用在圆柱上的力包括圆柱的重力 mg 和斜面的支持力 N 以及斜面上的摩擦力 F。在这里设圆柱运动的加速度为 a，就能够建立如下的运动方程式。

$$ma = mg\sin\theta + (-F) \ (\text{N})$$

然后，建立围绕重心转动的运动方程式。

$$I\alpha = T = FR$$

圆柱的转动惯量可以用 $I = \dfrac{1}{2}mR^2$ 表示。另外，在半径为 R 时，加速度 a 和角加速度 α 之间存在 $a = R\alpha$ 这一关系。因此，从这些方程式中消去 F，就能够求解得到圆柱的角加速度 α。

圆柱的角加速度为：

$$\alpha = \frac{2g}{3R}\sin\theta \quad (\text{rad/s}^2)$$

重心的加速度为：

$$a = \frac{2g}{3}\sin\theta \quad (\text{m/s}^2)$$

因此，摩擦力 F 就可以表示成：

$$F = I\frac{\alpha}{R} = \frac{1}{2}mR^2\frac{2g}{3R^2}\sin\theta = \frac{1}{3}mg\sin\theta \quad (\text{N})$$

在上述的公式中，代入 $m = 1.0\text{kg}$、$R = 0.10\text{m}$、$\theta = 30°$，求解得到如下的数值。

$$a = \frac{2g}{3}\sin\theta = \frac{2 \times 9.8}{3} \times \sin 30° = \frac{19.6}{3} \times \frac{1}{2} \approx 3.3 \quad (\text{m/s}^2)$$

$$F = \frac{1}{3}mg\sin\theta = \frac{1}{3} \times 1.0 \times 9.8 \times \frac{1}{2} \approx 1.6 \quad (\text{N})$$

（2） 刚体的动能

为了求解以角速度 $\omega(\text{rad/s})$ 围绕某一固定轴旋转的刚体的动能，需要考虑某一微小的质量块 $m_i(\text{kg})$，质量块位于距离轴 $r_i(\text{m})$ 处。当用 $v_i = r_i\omega(\text{m/s})$ 表示这一质量块的旋转速度时，刚体的总动能可以利用下式求解。

$$E_v = \sum_i \frac{1}{2}m_i v_i^2 = \sum_i \frac{1}{2}m_i(r_i\omega)^2 = \frac{1}{2}\left(\sum_i m_i r_i^2\right)\omega^2 = \frac{1}{2}I\omega^2 \quad (\text{J})$$

上式利用了 $I = \sum_i m_i r_i^2$ 这一关系。

（3） 陀螺仪

像陀螺那样质量对称于旋转轴线分布的刚体在使其围绕对称轴转动时，边运动，边使对称轴的方向变化。这种运动称为**进动运动**（或者**螺旋运动**）。

陀螺为什么不倒呢？

如图4.24所示，陀螺的轴以一定的角度θ倾斜于z轴做进动运动。如果设定陀螺的质量为m(kg)，支点（图中的支点为坐标原点O）与陀螺中心的距离为l_G(m)。围绕O点旋转的旋转力矩T就可以表示为：

$$T = mgl_G \sin\theta$$

此时，角动量L如图4.24所示。角动量L的方向与陀螺的旋转轴一致。如果设进动运动的角速度为Ω(rad/s)，时间只发生微小变化dt时角动量的变化量dL为：

$$dL = L\sin\theta \cdot \Omega dt$$

式中，dL以及其L首端都处于进动运动的平面内。由刚体的运动方程式$\dfrac{dL}{dt} = T$，得到d$L = T$dt，则有：

$$L\sin\theta \cdot \Omega dt = Mgl_G \sin\theta dt$$

因此，有：

$$\Omega = \frac{Mgl_G}{L} \quad (\text{rad/s})$$

由上式可见，进动运动角速度Ω的大小取决于刚体角动量的大小，即陀螺的自转速度越大其角动量也越大，而角速度Ω变小了，陀螺就变成了缓慢的进动运动。

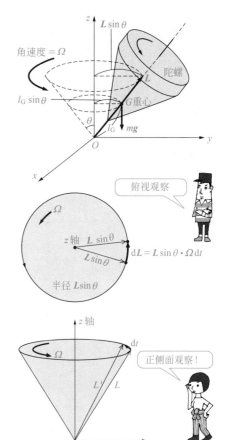

图4.24　陀螺角动量向量的变化

那么，当给旋转的物体施加力时，物体不会倒向其施加力的作用方向，而具有向与力相垂直的作用方向上倾倒的性质。这就是**陀螺效应**。

陀螺仪就是利用旋转陀螺的轴始终指向同一个方向这一性质制作成的一种传感器，通过测量作用在旋转轴上的力，就能够检测物体的运动状态。如果前后、左右以及上下三个方向都有相对应的轴，就能够计算出物体距离基准点的相对位置。因此，陀螺仪在飞机的位置与方向的检查以及机器人的姿态控制方面都有应用。

习 题

习题1　如图4.25所示，长度为1.0m、质量为3.0kg的棒。请求解计算棒对于通过棒的中心且与棒垂直的轴的转动惯量。

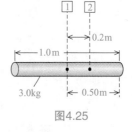

图4.25

习题2　在习题1中，请求解计算棒对于通过偏离棒的中心20cm且与棒垂直的轴的转动惯量。

习题3　如图4.26所示，质量为M、半径为r的均质球。请证明球对于通过球中心的轴的转动惯量是$\frac{2}{5}Mr^2$。

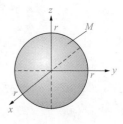

图4.26

习题4　如图4.27所示，半径为0.10m、质量为300g的均质圆板围绕通过中心的轴进行旋转。当每秒旋转30圈时，圆板相对于旋转轴的角动量是多少？

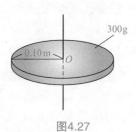

图4.27

习题5　在习题4中，圆板旋转所具有的动能（J）是多少？

习题6　有一质量为0.50kg、长度为0.30m的均质棒。一端固定，另一端如图4.28所示与竖直方向倾斜30°。

图4.28

当棒垂直时，请求解出棒的端部运动速度v(m/s)的大小。

习题7 有半径与质量完全相同的两个球。但是，一个球是中空的，质量分布在球壳。另一个球的质量均匀分布。

区别两者最好的方法是什么呢？

专栏 **机械力学的历史** ··························

由于金属轴具有弹性，因此，细长的金属轴在高速旋转时会伴随着弯曲。此时，增加转速，轴摆动的幅度就会逐渐增大。当达到某一转速时，因为危险而不能再继续旋转，这时的转速称为临界速度。人们已经开展了针对这种振动现象的理论分析研究。

引入蒸汽机作为工厂的动力源，是英国首先进行的。为解决引入蒸汽机而出现的振动现象，由此引发了机械力学的诞生。之后，机械力学以更高速旋转的汽轮机和大型船舶的螺旋桨等的振动问题作为研究对象，其研究内容得到了更加深入的发展。

实际上，在表述这些复杂振动现象的运动方程中，由于位移和速度等相对于时间的变化通常都是非线性的，因此，理论上的求解变得很难。为此，人们研究出了各种近似的计算方法，当前，利用能够高速运算的计算机可以完成这些近似计算。

专栏 **三角函数2** ··························

在我们接触过的三角函数中，下面的关系总是成立的。

（1）倍角公式

$$\sin 2\theta = 2\sin\theta\cos\theta$$
$$\cos 2\theta = \cos^2\theta - \sin^2\theta = 1 - 2\sin^2\theta = 2\cos^2\theta - 1$$

由和角公式有$\sin(\alpha \pm \beta) = \sin\alpha\cos\beta \pm \cos\alpha\sin\beta$，当$\alpha = \beta = \theta$时，有：

$$\begin{aligned}\sin(\theta + \theta) &= \sin 2\theta \\ &= \sin\theta\cos\theta + \cos\theta\sin\theta \\ &= 2\sin\theta\cos\theta\end{aligned}$$

由和角公式有$\cos(\alpha \pm \beta) = \cos\alpha\cos\beta \mp \sin\alpha\sin\beta$，当$\alpha = \beta = \theta$时，有：

$$\begin{aligned}\cos 2\theta &= \cos(\theta + \theta) \\ &= \cos\theta\cos\theta - \sin\theta\sin\theta \\ &= \cos^2\theta - \sin^2\theta \\ &= \cos^2\theta - (1 - \cos^2\theta) = 2\cos^2\theta - 1 \\ &= (1 - \sin^2\theta) - \sin^2\theta = 1 - 2\sin^2\theta\end{aligned}$$

第 4 章 机械的运动学 2 ——刚体力学

（2）余弦定理

图4.29所示的场合，有下面的关系成立。

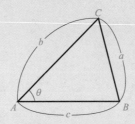

图4.29　余弦定理

$$a^2 = b^2 + c^2 - 2bc\cos\theta$$

（3）辅助角公式

在三角函数相加时，如下的关系成立。

$$A\sin\theta + B\cos\theta = \sqrt{A^2 + B^2}\sin(\theta + \varphi)$$

在这里，　$\tan\varphi = \dfrac{B}{A}\left(\varphi = \arctan\dfrac{B}{A}\right)$

$$\cos\varphi = \frac{A}{\sqrt{A^2 + B^2}}$$

$$\sin\varphi = \frac{B}{\sqrt{A^2 + B^2}}$$

第 **5** 章

机械振动学

机械的运动避免不了产生振动。机械一旦发生振动，其寿命和效率都会降低，有时甚至会损坏机械。

完全消除振动是困难的，但从物理学的角度可以认为即使再复杂的振动，也是由几个基本的振动组合而成的。

本章我们学习从简谐振动到一个自由度系统的各种振动，以便能够防止振动和减轻冲击的影响。

5.1

简谐振动

从侧面看匀速圆周运动，就是简谐振动。

❶ 简谐振动是做匀速圆周运动的点正投影的结果。
❷ 简谐振动的位移、速度、加速度都能够用数学式表示出来。
❸ 发生简谐振动的物体上有力的作用。

机械一开始运动，就会发生振动。这种运动很复杂，了解简谐振动是理解它们的起点。

(1) 简谐振动

在图5.1中，P 点以速度 v_0(m/s)在半径 r(m)的圆周上进行匀速圆周运动。这时，P 点的运动投影到 x 轴，**正投影点 P'** 的运动即为**简谐振动**。当 P 点在圆周上转动 1周时，表示正投影点 P' 在以 O 点为中心的宽度为 $2r$ 的区间内往复运动1次。

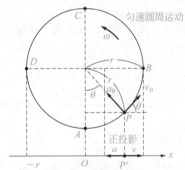

图5.1　匀速圆周运动与简谐振动

(2) 简谐振动的位移

P 点从 A 点开始运动，如果逆时针进行匀速圆周运动，则 P 点的正投影 P' 点就从 O 点向右运动。如果设角速度为 ω(rad/s)，在运动经过时间 t(s)后，由于 P 点的旋转角 $\theta = \omega t$，P' 点离开 O 点的位移 x 可以用下式表示。

$$x = r\sin\theta = r\sin\omega t \ (m)$$

式中，位移 x(m)的最大值 r(m)称为**振幅**，在简谐振动中称 $\theta(=\omega t)$ (rad)为**相位**。

（3）　简谐振动的速度

P'点的速度v(m/s)是P点速度$v_0 = r\omega$(m/s)在x方向上的分量，因此，有下式成立。

$$v = v_0 \cos\theta = r\omega\cos\omega t \quad (\text{m/s})$$

因为速度能够由位移的微分求得，所以将上式进行微分，得：

$$v = \frac{\mathrm{d}x}{\mathrm{d}t} = \frac{\mathrm{d}x}{\mathrm{d}\theta} \times \frac{\mathrm{d}\theta}{\mathrm{d}t} = \frac{\mathrm{d}x}{\mathrm{d}\theta}\omega$$
$$= r\omega\cos\omega t \quad (\text{m/s})$$

这里，有$\dfrac{\mathrm{d}\theta}{\mathrm{d}t} = \omega$ (rad/s)。

（4）　简谐振动的加速度

由于P'点的加速度a(m/s^2)是P点加速度$a_0 = r\omega^2$ (m/s^2)在x方向上的分量，有下式成立。

$$a = -a_0\sin\theta = -r\omega^2\sin\omega t = -\omega^2 x \quad (\text{m}/\text{s}^2)$$

因为加速度由速度的微分能够求得，所以将上式进行微分，得：

$$a = \frac{\mathrm{d}v}{\mathrm{d}t} = \frac{\mathrm{d}v}{\mathrm{d}\theta} \times \frac{\mathrm{d}\theta}{\mathrm{d}t} = \frac{\mathrm{d}v}{\mathrm{d}\theta}\omega$$
$$= -r\omega^2\sin\omega t \quad (\text{m/s}^2)$$

这时，有$\dfrac{\mathrm{d}\theta}{\mathrm{d}t} = \omega$ (rad/s)。

由于$x = r\sin\omega t$，a能够表示成下式的形式。

$$a = -\omega^2 x \quad (\text{m/s}^2)$$

在简谐振动中，振动体往复1次的时间T(s)称为**周期**。另外，每秒往复次数称为**频率**f(Hz)，频率用周期的倒数表示。

$$T = \frac{2\pi}{\omega} = \frac{1}{f} \ (\text{s}) \quad \text{或者} \quad \omega = \frac{2\pi}{T} = 2\pi f \ (\text{rad/s})$$

（5）　简谐振动的曲线

用曲线表示简谐振动的位移x、速度v、加速度a随时间的变化，如图5.2～图5.4所示。

在这些曲线中，需要注意的要点如下。

---

① 在振动的平衡（中心）位置，位移为0、速度最大、加速度为0。

② 在振动的极限（两端）位置，位移最大、速度为0、加速度最大。

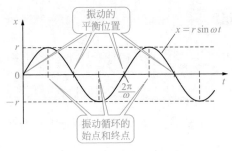

图5.2　简谐振动的位移曲线

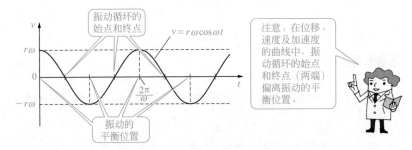

图5.3　简谐振动的速度曲线

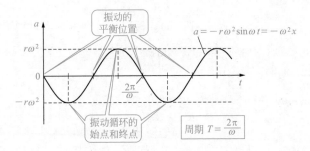

图5.4　简谐振动的加速度曲线

在物体进行简谐振动时，物体指向平衡位置，产生了与偏离平衡位置的位移成比例的加速度。因此，由运动定律就能够知道作用在这个物体上的力。然后，由运动方程式能够求解出该力的大小。

将表示简谐振动的加速度式 $a=-\omega^2 x$ 代入运动方程式 $F=ma$ 中，就能够推导出简谐振动的运动方程式。

$$F = ma = -m\omega^2 x \ \ (\text{N})$$

式中，质量m(kg)和角速度ω(rad/s)都是常数，设$m\omega^2 = k$（常数），则方程式就能简化成为如下的形式。

$$F = -kx \quad (N)$$

从这一公式中，可以知道的就是"简谐振动物体上的作用力总是指向平衡位置，并与偏离平衡位置的位移成比例"。

这样的力称为**恢复力**。

(7) 简谐振动的周期

简谐振动周期T(s)的公式与匀速圆周运动的方程式一致。因为匀速圆周运动的周期$T = \dfrac{2\pi}{\omega}$，所以，将从简谐振动的运动方程式$F = -m\omega^2 x$中求解得到的角速度$\omega = \sqrt{\dfrac{k}{m}}$ (rad/s)代入周期方程式，则简谐振动的周期就可以表示为如下的形式。

$$T = \frac{2\pi}{\omega} = 2\pi\sqrt{\frac{m}{k}} \quad (s)$$

5.1 在偏离了振动平衡位置x(m)处，作用在质量为1.0kg的物体上的力F(N)用下式给出。

$$F = -36x$$

求解出这个简谐振动的周期。

解：

比较已知的$F = -36x$和$F = -kx$，得知$k = 36$N/m。由此，得：

$$T = 2\pi\sqrt{\frac{m}{k}} = 2\pi\sqrt{\frac{1.0}{36}} = \frac{2\pi}{6.0} = 1.0 \quad (s)$$

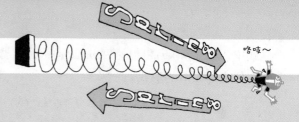

5.2

摆锤的振动

.... 摆锤振动的基础就是弹簧振动。

❶ 弹簧摆的周期取决于弹性系数与质量。
❷ 单摆的周期取决于重力加速度与摆的长度。

(1) 弹簧摆

在弹簧上悬挂重锤，稍稍拉一下之后放开，重锤就开始振动。这个装置称为**弹簧摆**。

如图5.5所示，在弹性系数为k(N/m)的弹簧上悬挂质量为m(kg)的重锤，则弹簧只伸长x_0(m)就能够处于平衡状态。

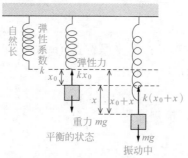

图5.5　弹簧摆的简谐振动

这时候，若重力加速度的大小为g(m/s^2)、向下方向为正的话，作用在重锤上的力可以表示为：

$$F = mg - kx_0 \ (N)$$

当处于平衡的状态时，因为$F = 0$，所以k就能够用下式表示。

$$k = \frac{mg}{x_0} \ (N/m)$$

如图5.5右部所示，将重锤只向下拉x(m)距离之后松开，此时，作用在重锤上的力可以用下式表示：

$$F = mg - k(x_0 + x) \ (N)$$

式中，代入$mg = kx_0$的话，则有$F = -kx$。

因为受到这种恢复力的作用，所以重锤做简谐振动。

弹簧摆的周期为：

$$T = 2\pi\sqrt{\frac{m}{k}} \quad (s)$$

5.2 如图5.6所示，在弹性系数为30N/m的弹簧上悬挂一质量为0.10kg的重锤，请求解出使重锤做微幅振动时的周期。

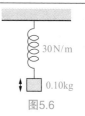

30 N/m

0.10kg

图5.6

解：

在式 $T = 2\pi\sqrt{\frac{m}{k}}$ 中，代入具体的数值，就有：

$$T = 2\pi\sqrt{\frac{0.10}{30}} = 0.36 \quad (s)$$

另外，周期 T 的倒数频率 f_0 能用下式表示。

$$f_0 = \frac{1}{2\pi}\sqrt{\frac{k}{m}} \quad (Hz)$$

由上式可知，频率与振动的幅值没有关系，而这个由质量 m 和弹性系数 k 所确定的频率称为**固有频率**。这对于研究用弹簧支撑的机械、弹簧悬挂的汽车车体以及轮胎等的机械振动是非常有效的。

另外，如果利用弹簧摆的 $kx_0 = mg$ 这一关系，固有频率 f_0 可以用下式表示。

$$f_0 = \frac{1}{2\pi}\sqrt{\frac{g}{x_0}} \quad (Hz)$$

由上式得知，如果已知平衡时的弹簧伸长量 $x_0 (m)$，就能够求解出弹簧的固有频率。

5.3 某一机械设备将防振橡胶安装在基础上。机械设备的重量仅仅将防振橡胶均匀地压缩4mm，请求解出这台机械设备振动的固有频率。

解：

$$f_0 = \frac{1}{2\pi}\sqrt{\frac{g}{x_0}} = \frac{1}{2\times3.14}\sqrt{\frac{9.8}{0.004}} = 7.9 \quad (Hz)$$

（2）**单摆**

在线绳的一端系一个重锤，使重锤倾斜一个角度之后放手，重锤就能够进行往复摆动。这个装置称为**单摆**。

细绳的长度l(m)为半径，重锤在半径l(m)的圆弧上运动。如图5.7所示，当重锤处于P点位置时，将圆的切线方向设为x轴、细绳的方向设为y轴，研究分析这时力和运动之间的关系。

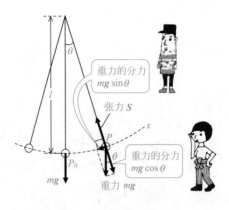

图5.7　单摆

在x轴方向作用的力是重力mg在x轴方向上的分力，方向为x轴负方向，其大小为：

$$F_x = -mg\sin\theta \ \ (\text{N})$$

这时，当倾斜角θ比较小时，有$\sin\theta \approx \theta = \dfrac{x}{l}$这一近似关系成立，则上式就能够表示成：

$$F_x \approx -mg\theta = -mg\frac{x}{l} \ \ (\text{N})$$

由上式可知，在单摆切线方向作用的力的大小F_x(N)与位移x(m)成比例，其方向总是朝向位移的反方向（即原点的方向）。另外，当摆角θ比较小时，P点的运动也几乎可以看作是直线上的运动，因此，这种运动就能够作为简谐振动进行分析。

在y轴方向作用的力是细绳的张力S(N)和重力mg在y轴方向上的分力$mg\cos\theta$(N)。当重锤处于静止状态时，这两个力平衡，而当重锤在圆弧上运动时，两个力的合力形成圆周运动的向心力。因此，如果将重锤通过P点的瞬间速度设为v(m/s)的话，则有下式成立。

$$S - mg\cos\theta = F_y = m\frac{v^2}{l} \ \ (\text{N})$$

从上式可知，细绳的张力取决于线绳的倾斜角度$\theta(\mathrm{rad})$与重锤的运动速度$v(\mathrm{m/s})$。

如果将单摆的运动方程式与简谐振动的运动方程式进行比较，就能够求出单摆的摆动周期，但是，这一公式只有在$\sin\theta \approx \theta = \dfrac{x}{l}$这一近似关系成立的场合才能够使用。

摆运动方程式为：

$$F = -mg\frac{x}{l}$$

简谐振动运动方程式为：

$$F = -kx$$

由两者的相似关系有：

$$k = \frac{mg}{l}$$

由此，得到周期为：

$$T = 2\pi\sqrt{\frac{m}{k}} = 2\pi\sqrt{\frac{l}{g}}\ \ (\mathrm{s})$$

而且，式中表明单摆的周期取决于单摆的长度l与重力加速度g，而与单摆的质量和振幅无关。这称为**单摆的等时性**。

（3）简谐振动的能量

进行简谐振动的物体具有势能和动能等机械能。

质量$m(\mathrm{kg})$的物体以速度$v(\mathrm{m/s})$在水平面上运动，弹性系数$k(\mathrm{N/m})$的弹簧只被拉伸或者压缩$x(\mathrm{m})$时具有的势能$U(\mathrm{J})$和动能$K(\mathrm{J})$如下。

势能$U(\mathrm{J})$：

$$U = \frac{1}{2}kx^2\ \ (\mathrm{J})$$

动能$K(\mathrm{J})$：

$$K = \frac{1}{2}mv^2\ \ (\mathrm{J})$$

由此可见，在偏离简谐振动平衡位置$x(\mathrm{m})$处，物体具有的机械能总量就可以表示为：

$$U + K = \frac{1}{2}kx^2 + \frac{1}{2}mv^2\ \ (\mathrm{J})$$

在上式中，代入$x = r\sin\omega t$、$v = r\omega\cos\omega t$、$k = m\omega^2$，能够得到下式：

$$U + K = \frac{1}{2}m\omega^2(r\sin\omega t)^2 + \frac{1}{2}m(r\omega\cos\omega t)^2$$
$$= \frac{1}{2}m\omega^2 r^2(\sin^2\omega t + \cos^2\omega t)$$
$$= \frac{1}{2}m\omega^2 r^2$$
$$= \frac{1}{2}m(2\pi f)^2 r^2 = 2\pi^2 mr^2 f^2$$

在这里，公式的推导利用了$\sin^2\omega t + \cos^2\omega t = 1$和$\omega = 2\pi f$两个关系式。

由上式可知，进行简谐振动的物体所具有的机械能与振幅r的平方、频率f的平方成正比。

另外，在位移最大的时候，因为速度$v = 0$成立，所以动能为0，而机械能就变为$\frac{1}{2}m\omega^2 r^2$。这与弹性力产生的势能$\frac{1}{2}kx^2$相等。也就是说，在振动过程中弹性势能与动能之间能够相互转换。

例题

5.4 如图5.8所示，将质量可以忽视的长度l(m)的弹簧一端固定，并竖直放置，表示弹簧位置的坐标系原点置于弹簧的固定点。若将弹性系数设为k(N/m)、重力加速度的大小设为g(m/s^2)，请回答下列问题。

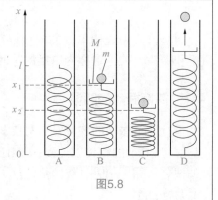

图5.8

① 在弹簧的上端固定一个质量为M(kg)的托盘，托盘中放置了质量为m(kg)的重锤。当将弹簧上端的坐标设为x(m)，托盘和重锤为一体时，请求解出物体的重力与弹簧力两者的合力。另外，二力平衡而静止时，请求解出弹簧上端的坐标x_1(m)。

② 从弹簧的上端处于平衡的状态，向下压托盘到x_2(m)的位置，然后平稳地放手。请证明弹簧上端的运动是以平衡位置x_1(m)为中心进行的简谐振动。

③ 请求解出弹簧的上端通过x_1(m)时的速度。

解：

① 向下的重力大小是$(M + m)g$ (N)，根据胡克定律给出的弹簧力是$k(l - x)$ (N)，所以合力的大小F(N)就可以表示为：
$$F = k(l - x) - (M + m)g \ (N)$$

因为在平衡位置有$F=0$这一条件，所以在上式中取$F=0$，求解得出x_1。

$$x_1 = l - \frac{(M+m)g}{k} \quad \text{(m)}$$

② 如果设向上的加速度大小为$a(\text{m/s}^2)$，运动方程式就可以表示为：

$$(M+m)a = k(l-x) - (M+m)g$$

从平衡的位置x_1向上运动的距离设为x_3的话，则弹簧移动的距离x就能够用下式表示：

$$x = x_1 + x_3 = l - \frac{(M+m)g}{k} + x_3$$

将其代入运动方程式，得：

$$(M+m)a = -kx_3$$

这就是将平衡位置x_1作为中心的简谐振动的运动方程式，这一简谐振动的振幅A可以用下式表示：

$$A = x_1 - x_2 = l - \frac{(M+m)g}{b} - x_2 \quad \text{(m)}$$

因此，其振动的周期T就能够用下式表示：

$$T = 2\pi\sqrt{\frac{M+m}{k}} \quad \text{(s)}$$

③ 简谐振动的运动方程式与水平放置的弹簧摆因为具有相同的形式，所以也同样能够适用机械能守恒定律。如果设$x=x_1$时的速度为$v(\text{m/s})$，这时的动能就为$\frac{(M+m)v^2}{2}$ (J)，弹簧产生的弹性势能为0。

在$x=A(=x_1-x_2)$时的动能为0，弹簧产生的弹性势能就为$\frac{1}{2}kA^2$ (J)，所以下式成立。

$$\frac{1}{2}(M+m)v^2 = \frac{1}{2}kA^2$$

$$v = A\sqrt{\frac{k}{M+m}} = (x_1 - x_2)\sqrt{\frac{k}{M+m}} \quad \text{(m/s)}$$

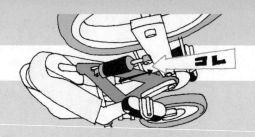

5.3

振动的类型

❶ 振动是由外力与由此产生的恢复力引起的。

❷ 振动包括自由振动、阻尼振动以及受迫振动等。

(1) 振动

在机械和结构中所研究的振动是"因为物体本身固有特性而发生的周期性运动"。换句话说，物理量幅度重复交替的振动是由外力和起因于该外力的恢复力引起的。

在某个动力系统中，如果只用一个坐标，在任何时候都能够充分表达该系统的运动状态，这种系统称为**单自由度系统**。这里我们主要讨论单自由度系统的振动，这是研究振动的基础。

(2) 振动的种类

周期性地重复相同波形的运动称为**简谐振动**。简谐振动的位移 x 与时间 t 的关系（图5.9）可用下式表示。

$$x = a\sin(\omega t + \alpha) \ (\text{m})$$

式中，a 为**振幅**，m；ω 为**角频率**，rad/s；α 为**初始相位**，rad。

这种振动的周期 $T(\text{s})$ 为 $T = \dfrac{2\pi}{\omega}(\text{s})$，振动频率 $f(\text{Hz})$ 为 $f = \dfrac{1}{T} = \dfrac{\omega}{2\pi}(\text{Hz})$。

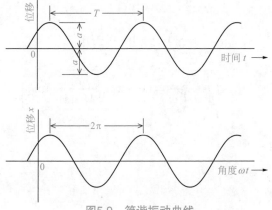

图5.9　简谐振动曲线

典型的简谐振动是如图5.10所示那样的质量-弹簧系统。在理想的质量-弹簧系统中，弹簧上安装的质量m(kg)的物体一旦以初始速度v_0(m/s)运动，以后即使不施加外力，物体也能持续振动下去。

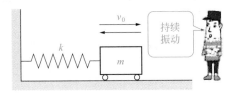

图5.10　质量-弹簧系统

实际上，没有能够无限持续下去的振动，振幅随着时间的推移会逐渐减小。这称为振动的**衰减**，机械及其结构中的摩擦和阻尼等产生的阻尼力就是导致这种衰减的原因。

（3）阻尼振动

产生衰减的最基本原因，是与"物体运动的速度"成比例的因素，称为**黏性阻尼**。物体在流体中运动时遇到的就是这样的阻抗。

为了防止急剧变化，可以利用**缓冲器**来产生黏性阻尼（图5.11）。

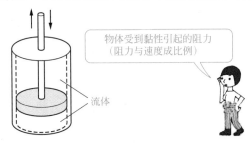

图5.11　缓冲器

在此，设物体的质量为m(kg)，弹性系数为k(N/m)，阻尼力的比例系数（阻尼系数）为c的话，有下面的运动方程式成立。

$$m\frac{\mathrm{d}^2 x}{\mathrm{d}t^2} = -kx - c\frac{\mathrm{d}x}{\mathrm{d}t}$$

整理此式，就能够得到下式：

$$m\frac{\mathrm{d}^2 x}{\mathrm{d}t^2} + c\frac{\mathrm{d}x}{\mathrm{d}t} + kx = 0$$

设上式的解为$x = Ce^{\lambda t}$（C是常数，e是自然对数的底数，t是时间），并代入上式，就能够得到下式：

$$C\left(m\lambda^2 + c\lambda + k\right)\mathrm{e}^{\lambda t} = 0$$

由于$\mathrm{e}^{\lambda t}$是不为0的数，因此设定的常数$C \neq 0$，则必定会有下式成立。

$$m\lambda^2 + c\lambda + k = 0$$

上式的根为：

$$\lambda = -\frac{c}{2m} \pm \frac{1}{2m}\sqrt{c^2 - 4mk}$$

分析方程的根，有以下三种情况。

① $c > 2\sqrt{mk}$ 的情况。λ具有不同的两个负实根$\lambda_1 = -\alpha_1$，$\lambda_2 = -\alpha_2$（$\lambda_1 > 0$，$\lambda_2 > 0$）。由此，上式的一般解表示为：

$$x = C_1 \mathrm{e}^{-\alpha_1 t} + C_2 \mathrm{e}^{-\alpha_2 t}$$

式中，C_1和C_2是任意积分常数，由初始位移和初始速度等初始条件确定。

例如，在$t = 0$时，有$x = x_0$和$\dfrac{\mathrm{d}x}{\mathrm{d}t} = 0$，代入上式得：

$$x_0 = C_1 + C_2 \quad 0 = -\alpha_1 C_1 - \alpha_2 C_2$$

由上面的条件，求解出C_1和C_2，推导出关于求x的方程式。

$$x = \frac{x_0}{\alpha_2 - \alpha_1}\left(\alpha_2 \mathrm{e}^{-\alpha_1 t} - \alpha_1 \mathrm{e}^{-\alpha_2 t}\right)$$

这种运动如图5.12所示，是一种无振动的阻尼运动。这相当于在糖浆或油脂中移动物体。

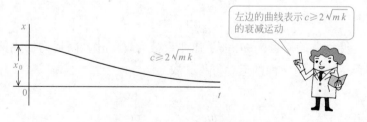

图5.12　无振动的阻尼运动

② $c = 2\sqrt{mk}$ 的情况。$m\lambda^2 + c\lambda + k = 0$的根为两个重根$\lambda = -\dfrac{c}{2}m$。将其置为$-\alpha$的话，方程的一般解可表示为：

$$x = \mathrm{e}^{-\alpha t}(C_1 + C_2 t)$$

初始条件与①相同，设在 $t = 0$ 时，有 $x = x_0$ 和 $\dfrac{\mathrm{d}x}{\mathrm{d}t} = 0$，计算出 C_1 和 C_2，推导出关于求解 x 的方程式。

$$x = x_0 \mathrm{e}^{-\alpha t}(1 + \alpha t)$$

与①相同，也是进行阻尼运动。

③ $c < 2\sqrt{mk}$ 的情况。$m\lambda^2 + c\lambda + k = 0$ 的根为一对共轭的复数根。

将根设为 $\lambda_1 = -\alpha + \mathrm{j}\beta$，$\lambda_2 = -\alpha - \mathrm{j}\beta$ 的话，一般的解用下式表示（j 是虚数单位）。

$$\begin{aligned}
x &= \mathrm{e}^{-\alpha t}(C_1 \mathrm{e}^{\mathrm{j}\beta t} + C_2 \mathrm{e}^{-\mathrm{j}\beta t}) \\
&= \mathrm{e}^{-\alpha t}[C_1(\cos\beta t + \mathrm{j}\sin\beta t) + C_2(\cos\beta t - \mathrm{j}\sin\beta t)] \\
&= \mathrm{e}^{-\alpha t}(C\cos\beta t + D\sin\beta t)
\end{aligned}$$

在式中，利用了欧拉公式的 $\mathrm{e}^{\mathrm{j}\theta} = \cos\theta + \mathrm{j}\sin\theta$ 关系，$C = C_1 + C_2$，$D = \mathrm{j}(C_1 - C_2)$。

初始条件与①相同，设在 $t = 0$ 时，有 $x = x_0$ 和 $\dfrac{\mathrm{d}x}{\mathrm{d}t} = 0$，计算出 C 和 D，得到 $C = x_0$ 和 $D = \left(\dfrac{\alpha}{\beta}\right)x_0$，推导出下面的方程式。

$$x = x_0 \mathrm{e}^{-\alpha t}\left(\cos\beta t + \frac{\alpha}{\beta}\sin\beta t\right)$$

这种运动是图5.13所示振幅呈指数下降的阻尼振动。常见的大部分机械振动都属于这种情况。

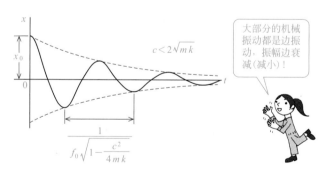

图5.13　伴随振动的阻尼运动

（4） 受迫振动

当阻尼力和恢复力等以及非运动本身所产生的外力以时间的函数周期性地作用时，某种振动就会持续进行下去。这称为**受迫振动**，其运动方程能够按下面描述的情况推导得出。

设物体的质量为m(kg)、弹性系数为k(N/m)、阻尼力的比例系数（阻尼系数）为c、作为时间函数的周期性作用的外力为$F\sin\omega t$，则有如下运动方程式成立。

$$m\frac{\mathrm{d}^2 x}{\mathrm{d}t^2} + c\frac{\mathrm{d}x}{\mathrm{d}t} + kx = F\sin\omega t$$

这个方程式的一般解由将方程的右边设为0的自由振动方程的解与由激振力引起的受迫振动的特解这两者之和组成。因为自由振动没有外部的能量供给，所以自由振动方程的解随时间推移逐渐衰减至停止。

另一方面，受迫振动的特解，以如下形式表达：

$$x = A\sin\omega t + B\cos\omega t$$

将其代入运动方程式中并整理，可得下式。

$$\left[(k - m\omega^2)A - c\omega B\right]\sin\omega t + \left[c\omega A + (k - m\omega^2)B\right]\cos\omega t = F\sin\omega t$$

为使上式总能成立，需要保持等式两边$\sin\omega t$和$\cos\omega t$的系数分别相等。因此，有下面的关系式成立。

$$(k - m\omega^2)A - c\omega B = F \qquad c\omega A + (k - m\omega^2)B = 0$$

从上面的两式求解出A和B，代入特解x的表达式，就能够得到下式。

$$x = \frac{F}{(k - m\omega^2)^2 + (c\omega)^2}\left[(k - m\omega^2)\sin\omega t - c\omega\cos\omega t\right]$$
$$= A\sin(\omega t - \varphi)$$

式中，

$$A = \frac{F}{\sqrt{\left(k - m\omega^2\right)^2 + (c\omega)^2}} \quad (\mathrm{m})$$

$$\varphi = \arctan\frac{c\omega}{k - m\omega^2}$$

由上式可知，机械以与激振力的角频率ω相等的角频率、与激振力F的大小成比例的振幅进行振动。但是，振动的相位与激振力F的方向相差一个角度φ。

图5.14是表示了上述受迫振动响应的角频率和振幅之间关系的曲线。在角频率较小时，有$A = \dfrac{F}{k}$这一关系成立，振幅并没有那么大。但是，随着角频率增加，振幅逐渐变大，当达到机械的固有角频率$\omega_0 = \sqrt{\dfrac{k}{m}}$时，振幅就接近最大值$A = \dfrac{F}{c\omega_0}$。

图5.15是表示有衰减情况下的振幅变化曲线。这里，横坐标表示激振力的振动角频率ω与机械固有角频率ω_0的比值。另外，纵坐标是受迫振动的振幅A与弹性系数为k的弹簧在力F作用下的静态压缩量$x_{\text{st}} = \dfrac{F}{k}$的比值。

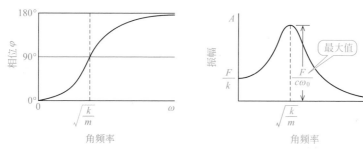

图5.14　受迫振动的角频率与相位和振幅的关系

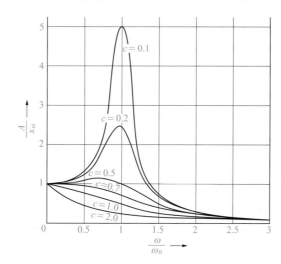

图5.15　振幅变化曲线（$\sqrt{mk} = 0.5$的情况）

当激振力的角频率ω接近振动机械的固有角频率ω_0时，振动就变得强烈起来；在$\dfrac{\omega}{\omega_0} = 1$的时候，即使微弱的激振力，振幅也变得极其大，这时产生**共振**。在机械运转过程中，弹簧或转轴一旦发生共振的话，就有可能带来机械的突然损坏，这是非常危险的。

然而，完全消除机械所发生的振动是不可能的，因此在进行机械设计时，就需要预先正确地求解出机械的固有频率，以使预加外力导致的振动的频率不要接近共振的频率。

（5）防振和缓冲

市场上，人们已经开发了各种各样的产品作为隔振和缓冲的部件，供组装在振动的机器以及其结构上使用。

① 防振橡胶（图5.16）。**防振橡胶**利用橡胶的弹性，能够起到弹簧的作用。防振橡胶的材料除天然橡胶外，还有人造的丁腈橡胶、氯丁二烯橡胶、异丁烯橡胶等。

防振橡胶被制造成各种各样的形状，广泛使用于铁道车辆、汽车、建筑结构等。

② 空气弹簧（图5.17）。**空气弹簧**是在波纹管或者橡胶隔膜等构成的容器中充填空气。

空气弹簧具有能够迅速衰减高频自由振动的特点，常用于改善铁道车辆和汽车等的乘坐舒适度方面。

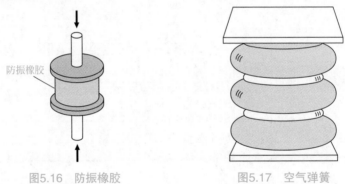

图5.16 防振橡胶　　　　　　　图5.17 空气弹簧

③ 阻尼器（图5.18）。**阻尼器**是在缸体中放入油等流体，活塞在缸体内运动时，油液起到缓冲的作用。

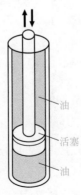

图5.18 阻尼器

阻尼器应用于铁路车辆、汽车、结构的隔振装置等。

前面所述的缓冲器也是阻尼器的一种。

用于防振橡胶的聚合物材料，除了要具有弹性性质（如弹性系数）外，具有黏性性质（如黏度）也是很重要的。

从感觉上来说，弹簧那样的弹性变形越大越费力，黏性则是越想快速运动越费力。

因为空气弹簧中的空气和减振器中的油等也具有同样的性质，所以科学上是将各个弹性和黏性建模以研究实际现象的。

近年来，两足行走机器人的研究开发成了热点。也就是说，步行这一运动动作也能作为运动学的研究对象。人类在行走时，在人的身体重心作用有来自地球的重力和行进产生的惯性力。此时，惯性力的作用方向恰好与加速度的方向相反，这种惯性力与重力的和称为总惯性力。总惯性力作用于地面的话，就受到了来自地面的反力。

如图5.19所示，在理想的行走步态时，总惯性力和反力在同一条线上处于平衡。这时的力矩也处于平衡，其合力矩为零。这一反力的作用点称为ZMP（零力矩点）。

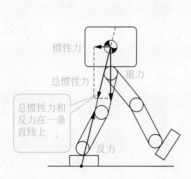

图5.19　机器人的理想行走（ZMP）

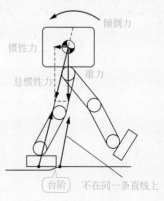

图5.20　失去平衡时的机器人行走

但是，如图5.20所示，机器人试图行走在那些有台阶的地方时，就会失去平衡，总惯性力与反力的作用线不在同一条直线上。这时，产生了不平衡力矩，这个力就成了倾倒力。为了使机器人稳定地利用双足行走，有必要研究抑制这种倾倒力的控制方法。

双足行走因为重心移动方法的差别主要分为两种。

图5.21所示的**静态步行**是始终保持重心的位置稳定而维持平衡的步行方式。即使在某一瞬间停止步行动作，也能即刻取得平衡。但这种步行方式动作缓慢，只适合于平坦的场所行走。

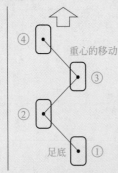

图5.21　机器人的静态步行

图5.22　机器人的动态步行

与此相对的，**动态步行**（图5.22）是一种通过预测重心的运动进行平衡的步行方式。采用这种步行方式，机器人如果在行走时失去平衡，会通过迈出的下一步，去尝试重新获得平衡。动态步行较之静态步行速度快，即使有台阶和斜面等也能行走，但如果在踏出脚步的中途停止动作，就会失去平衡而倾倒。

为此，在机器人运动的时候，使用**传感器**来控制其姿态和动作。例如，六轴力传感器可以感知前后、上下、左右方向上的力以及3个轴旋转的力。具体的有检测关节转动角度的传感器、检测倾斜度的陀螺传感器、检测加速度的加速度传感器等。

习 题

习题1　简谐振动的时间t(s)和位移x(m)的关系由式$x = 0.20\sin(5.0t)$ (m)给出。请求解出这一振动的振幅A(m)、周期T(s)和振动频率f(Hz)。

习题2　在习题1中，请求解出时间t(s)和速度v(m/s)之间的关系式以及时间t(s)和加速度a(m/s^2)之间的关系式。另外，请描绘出v-t曲线和a-t曲线。

习题3　简谐振动的运动方程式写成式$m\left(\dfrac{\mathrm{d}^2 x}{\mathrm{d}t^2}\right) = -kx$（$k$是常数）的形式。请采用在这一方程式的两边乘以速度$v$，并对时间$t$积分的方法，求解出简谐振动的机械能守恒定律。

习题4　有两个简谐振动$x_1 = A\cos(\omega t + \alpha_1)$和$x_2 = B\cos(\omega t + \alpha_2)$，请求解出两个简谐振动的合成结果。

习题5　如图5.23所示，质量m(kg)的重物放置在光滑水平面上，弹性系数k(N/m)的弹簧一端固定在墙壁上，另一端固定安装在质量m(kg)的重物上。

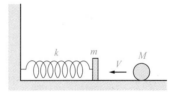

图5.23

现在，有一质量M(kg)的物体以速度V(m/s)与重物发生碰撞，两者碰撞后成为一体进行振动。

这时，请求解出两者成为一体后的运动速度。

另外，请求解出振动的周期和振幅。

习题解答

第1章

习题1 合力如图1所示。因为已知三角形两个边的长度和所夹的角度,所以可以计算出合力。合力F的大小用余弦定律计算为:

$$F = \sqrt{40^2 + 30^2 - 2 \times 40 \times 30 \times \cos 160^\circ}$$
$$= 69 \text{ (N)}$$

图1

习题2 如图2所示,将力F分解为x方向和y方向。因此,分力F_x和分力F_y的大小分别为:

$$F_x = 15\cos 120^\circ = -7.5 \text{ (N)}$$
$$F_y = 15\sin 240^\circ = -13 \text{ (N)}$$

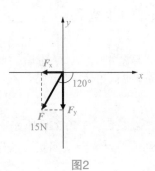

图2

习题3 将手的牵引力设为**F**、线绳的张力设为**S**,如图3所示,由水平方向和竖直方向力的平衡条件,得平衡方程

$$F = S\sin 30^\circ$$

$$S\cos 30^\circ = 30$$

在上式中代入数值,求解得到:

$$S = 35\text{N}, \quad F = 17\text{N}$$

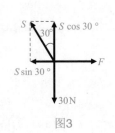

图3

习题4 设关于O点旋转的力矩M逆时针为正,其计算结果为:

$$M = -30 \times 0.10\sin 45^\circ + 50 \times 0.20\sin 60^\circ = 6.5 \text{ (N·m)}$$

习题5 因为是平行且方向相反的两个力合成,所以合力的大小是$|F_1 - F_2|$,

作用点为以比例$F_2:F_1$来外分线段AB。因此，合力F(N)的大小为：

$$|1.8 - 0.60| = 1.20 \text{ (N)}$$

图1.61中的长度x为：

$$x:(x+0.80) = 0.60:1.8$$

则

$$x = 0.40\text{m}$$

习题6 ① 对于B点的力矩为M，则方程式为：

$$M = 50 \times 0.50\sin 30^\circ + 25 \times 0.75\sin 30^\circ + N_1 \times 1.0\cos 30^\circ$$

由力矩的平衡条件$M = 0$求解得到：

$$N_1 = 25\text{N}$$

② 作用在棒上的竖直方向的力有棒自身的重力50N、重锤的重力25N以及地面作用于棒的支持力N_2。因此，支持力N_2为：

$$N_2 = 50 + 25 = 75 \text{ (N)}$$

③ 由于水平方向只有N_1力和F力，因此有：

$$F = 25\text{N}$$

习题7 由于桁架具有左右对称性，因此有

$$R_A = R_B = \frac{5}{2}P = 0.5P = 300\text{N}$$（力的方向向上）。

取节点1力的平衡条件分析，建立力的平衡方程式，来求解N_A和N_B的大小（图4）。

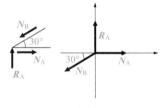

图4

由水平方向的力平衡，得：

$$N_B = \frac{2.5P}{\sin 30^\circ} = \frac{2.5 \times 120}{0.5} = 600 \text{ (N)}$$（拉力）

由竖直方向的力平衡，得：

$$N_A = N_B\cos 30^\circ = 600\frac{\sqrt{3}}{2} = 520 \text{ (N)}$$（压力）

习题8 开孔的圆板与圆孔部分的面积之比是1:3。因为均质圆板的中心位于几何中心，所以将开孔的圆板重心设定为图5中的位置，则有$0.30:x = 3:1$成立，由此得：

$$x = 0.10\text{m}$$

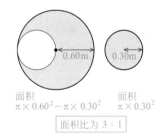

面积 $\pi \times 0.60^2 - \pi \times 0.30^2$　　面积 $\pi \times 0.30^2$

面积比为 3:1

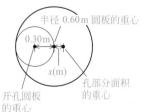

半径 0.60m 圆板的重心

0.30m

x(m)

孔部分面积的重心

开孔圆板的重心

图5

第2章

习题1　因为1m/s是3.6km/h，所以有

$$108\text{km}/\text{h} = 108 \div 3.6\text{m}/\text{s} = 30\text{m}/\text{s}$$
$$2.5\text{m}/\text{s} = 2.5 \times 3.6\text{km}/\text{h} = 9.0\text{km}/\text{h}$$

习题2　因为半径6410km的周长为$2 \times 3.14 \times 6410 = 40254.8$（km），所以飞行的速度为：

$$40254.8\text{km} \div 24\text{h} = 1.68 \times 10^3 \text{km}/\text{h}$$

习题3　设雨点的降落速度为v_A、列车的运行速度为v_B，在运行的列车上观察的雨点的降落速度（相对速度）就为$v = v_A - v_B$。由图6可见$\dfrac{v_B}{v_A} = \tan 40°$，有：

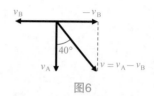

图6

$$v_A = 30 \div 0.839 = 36 \text{ (km/h)} = 10\text{m/s}$$

习题4　由于物体是做匀加速直线运动的，因此有：

$$x = v_0 t + \frac{1}{2}at^2 = 3.0 \times (20-10) + \frac{1}{2} \times 2.0 \times (20-10)^2 = 130 \text{ (m)}$$

习题5　在$t = 2.0\text{ s}$时刻，物体的位置为：

$$x = 0.20 \times 2.0 + 0.30 \times 2.0^2 = 0.40 + 1.2 = 1.6 \text{ (m)}$$

物体的速度通过对时间微分位移能够求解得到，则速度表达式为：

$$v = \frac{\text{d}x}{\text{d}t} = 0.20 + 0.60t$$

在上式中，代入$t = 2.0(\text{s})$的话，就得到物体的运动速度。

$$v = 0.20 + 1.2 = 1.4 \text{ (m/s)}$$

习题6　根据自由落体方程式，则有：

$$v = gt = 9.8 \times 1.0 = 9.8 \text{ (m/s)}$$
$$y = \frac{1}{2}gt^2 = \frac{1}{2} \times 9.8 \times 1.0^2 = 4.9 \text{ (m)}$$

因此，距离地面的高度为：

$$h = 20 - 4.9 = 15 \text{ (m)}$$

习题7　根据竖直向下投出的计算式，物体下降速度为：

$$v = v_0 + gt = 2.0 + 9.8 \times 2.0 = 21.6 \ (\text{m/s})$$

物体降落的距离为：

$$y = v_0 t + \frac{1}{2} gt^2 = 2.0 \times 2.0 + \frac{1}{2} \times 9.8 \times 2.0^2 = 4.0 + 19.6 = 23.6 \ (\text{m})$$

则物体在地面上的高度为：

$$h = 40 - 23.6 = 16 \ (\text{m})$$

习题8　这是竖直向上投出。在最高点的速度应该为$v=0$，由能量守恒条件 $v^2 - v_0^2 = -2gy$，解出$h = 44.1$ m。

由原来的高度$y = 0$，得式$0 = 29.4t - \frac{1}{2} \times 9.8 t^2$，解出$t = 0$ s或者$t = 6.0$ s。由题意得$t = 6.0$s。

习题9　分解初始速度。初始速度竖直方向的分量为：

$$20 \sin 60^\circ = 17.3 \ (\text{m/s})$$

因此有

$$0^2 - 17.3^2 = -2 \times 9.8 \times h$$

由上式解出：

$$h = 15 \text{m}$$

在$y = 0$时刻，下式成立。

$$0 = 17.3t - \frac{1}{2} \times 9.8 \times t^2$$

解出$t = 0$ s或者$t = 3.5$ s。

初始速度水平方向的分量为：

$$20 \cos 60^\circ = 10 \ (\text{m/s})$$

因此，物体水平运动的距离为：

$$l = 10 \times 3.5 = 35 \ (\text{m})$$

习题10　这是竖直方向的自由落体运动。有下式成立：

$$49 = \frac{1}{2} \times 9.8 t^2$$

由上式解出物体碰撞地面的时间为：

$$t = 3.2 \text{s}$$

在碰撞时，由于竖直方向的速度为31m/s、水平方向的速度为30m/s，参考图7，碰撞时：

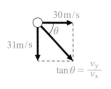

图7

$$\tan\theta = \frac{v_y}{v_x} = \frac{31}{30} = 1.03$$

$$\theta = \arctan 1.03 = 45.9°$$

习题11 角速度ω为：

$$200 \times 2 \times \frac{3.14}{1} = 1.3 \times 10^3 \ (\text{rad/s})$$

平均速度v为：

$$0.020 \times 1256 = 2.5 \times 10^3 \ (\text{m/s})$$

习题12 物体运动速度v为：

$$3.0 \times 2.0 = 6.0 \ (\text{m/s})$$

加速度a为：

$$3.0 \times 2.0^2 = 12 \ (\text{m/s}^2)$$

第3章

习题1 设线绳张力的大小为S，物体A、物体B的加速度大小为a，分别建立两个物体的运动方程式如下：

$$物体A：5.0a = S$$
$$物体B：2.0a = 2.0 \times 9.8 - S$$

由上面两个方程式，求解出加速度为a为：

$$a = 2.8 \text{m/s}^2$$

习题2 设线绳张力的大小为S，斜面作用在物体A上的支持力大小为N，物体A、物体B的加速度大小为a，分别就两个物体的运动方向建立运动方程式如下：

$$物体A：4.0a = S - 0.20N - 4.0 \times 9.8 \times \sin 30°$$
$$物体B：3.0a = 3.0 \times 9.8 - S$$

这里，N由下式求得。

$$N = 4.0 \times 9.8 \times \cos 30° = 33.9$$

因此，联立上述三式，求解出加速度

$$a = 0.43 \text{m/s}^2$$

习题3 碰撞之前的物体A速度v为：

$$\sqrt{2gh} = \sqrt{2 \times 9.8 \times 2.5} = 7.0 \, (\text{m/s})$$

在物体A碰撞物体B时，由动量守恒定律有

$$2.0 \times 7.0 + 1.0 \times 0 = 2.0 \times v'_A + 1.0 \times v'_B$$

由恢复系数有

$$0.30 = -\frac{v'_A - v'_B}{7.0 - 0}$$

由此，求解碰撞发生后物体A和物体B的速度，得：

$$v'_B = 6.1 \text{m/s}$$

因此，碰撞后物体B上升的高度h为：

$$h = \frac{v'^2_B}{2g} = \frac{6.1^2}{2 \times 9.8} = 1.9 \, (\text{m})$$

习题4　因为速度为72 km/h=20 m/s，所以行驶的汽车具有的动能为

$$E = \frac{1}{2} \times 1000 \times 20^2 = 2.0 \times 10^5 \, (\text{J})$$

当汽车停止时，汽车具有的动能减为0，则动能的减少部分为2.0×10^5J。

考虑到只有摩擦力做功，所做功相当于动能减少的部分，设摩擦力为F，就有$F \times 40 = 2.0 \times 10^5$J这一关系存在。因此，摩擦力的大小为：

$$F = 5.0 \times 10^3 \, \text{N}$$

习题5　离心力与重力平衡，有：

$$\frac{mv^2}{R} = mg$$

由此，得$v = \sqrt{gR}$。

代入$R = 6.4 \times 10^3 \text{km}$，得到这时的子弹速度为

$$v = \sqrt{9.8 \times 6.4 \times 10^6} = 7.9 \times 10^3 \, (\text{m/s})$$

第4章

习题1　因为旋转轴通过重心，所以棒的转动惯量为：

$$I_G = \frac{1}{12}Ml^2 = \frac{1}{12} \times 3.0 \times 1.0^2 = 0.25 \, (\text{kg} \cdot \text{m}^2)$$

习题2　由平行轴定理得转动惯量为：

$$I = I_G + Md^2 = 0.25 + 3.0 \times 0.20^2 = 0.37 \ (\text{kg} \cdot \text{m}^2)$$

习题3　如图8所示，将球与垂直于z轴的平面分割成厚度为dz的薄板片。在位置z的圆板半径为$\sqrt{r^2 - z^2}$。设球的密度为ρ，薄板片的质量就是$\rho\pi(r^2 - z^2)dz$。薄板片的转动惯量为$\dfrac{1}{2}\rho\pi(r^2 - z^2)^2 dz$，将转动惯量与$z$轴从$-r$到$r$进行积分。由于球的密度用质量$M$除以体积$\dfrac{4\pi r^3}{3}$的方式给出，即$\dfrac{M}{\dfrac{4\pi r^3}{3}}$，则有：

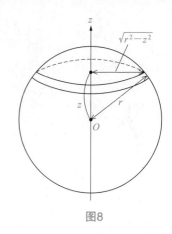

图8

$$I = \int_{-r}^{r} \frac{1}{2} \times \frac{M}{\frac{4}{3}\pi r^3} \pi (r^2 - z^2)^2 \, dz = \frac{2}{5} Mr^2$$

习题4　角动量的大小L用式$L = I\omega = \dfrac{1}{2}mr^2\omega$给出。角速度的大小$\omega$则为：

$$\omega = \frac{d\theta}{dt} = 30 \times 2 \times \frac{3.14}{1.0} = 188.4 \ (\text{rad/s})$$

为此，圆板相对旋转轴的角动量为：

$$L = \frac{1}{2} \times 0.30 \times 0.10^2 \times 188.4 = 0.28 \ (\text{kg} \cdot \text{m}^2/\text{s})$$

习题5　角动量和转动惯量之间有$L = I\omega$这一关系，而旋转运动的动能可以用式$\dfrac{1}{2}I\omega^2$给出。因此，圆板的动能为：

$$\frac{1}{2}I\omega^2 = \frac{1}{2}L\omega = \frac{1}{2} \times 0.283 \times 188.4 = 27 \ (\text{J})$$

习题6　围绕O点的转动惯量为$I = \dfrac{1}{3}Ml^2$，则有：

$$I = \frac{0.50 \times 0.30^2}{3} = 0.015 \ (\text{kg} \cdot \text{m}^2)$$

如果设棒成为垂直时的角速度为ω，由机械能守恒定律有：

$$\frac{1}{2} \times 0.015 \times \omega^2 = 0.50 \times 9.8 \times 0.15 \times (1 - \cos 30°)$$

由上式解得$\omega = 3.64 \ \text{rad/s}$，因此有：

$$v = r\omega = 0.30 \times 3.64 = 1.1 \ (\text{m/s})$$

习题7　转动惯量是质量相对于旋转轴而言的，质量分布得越远，其具有的值就越大。因此，在给予相同大小的力矩时，角加速度小的一方当然就是中空的球壳。

第5章

习题1 简谐振动的位移x可以由式$x = A\sin\omega t$给出，A表示振幅、ω表示角频率、t表示时间。因此，有：

振幅：$A = 0.20$m

周期：

$$T = \frac{2\pi}{\omega} = \frac{2 \times 3.14}{5.0} = 1.3 \text{ (s)}$$

振动频率：

$$f = \frac{1}{T} = \frac{5.0}{2 \times 3.14} = 0.80 \text{ (Hz)}$$

习题2 将习题1中的位移式$x = A\sin\omega t$对时间t微分，得到速度的表达式，再次对时间t求微分，就得到加速度的表达式。

$$v = \frac{\mathrm{d}x}{\mathrm{d}t} = 1.0\cos(5.0t)$$

$$a = \frac{\mathrm{d}v}{\mathrm{d}t} = -5.0\sin(5.0t)$$

将其表示成图形形式的话，就如图9所示。

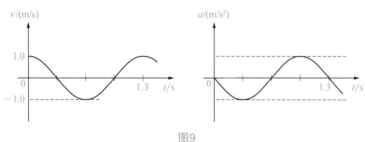

图9

习题3 在简谐振动的运动方程式$m\left(\dfrac{\mathrm{d}^2 x}{\mathrm{d}t^2}\right)$上，乘以速度$v$，对时间$t$求积分的话，得：

$$\int m\frac{\mathrm{d}^2 x}{\mathrm{d}t^2}v\mathrm{d}t = \int -kxv\mathrm{d}t$$

将$v = \dfrac{\mathrm{d}x}{\mathrm{d}t}$代入上式得：

$$\int m\frac{\mathrm{d}^2 x}{\mathrm{d}t^2} \times \frac{\mathrm{d}x}{\mathrm{d}t}\mathrm{d}t = \int -kx\frac{\mathrm{d}x}{\mathrm{d}t}\mathrm{d}t$$

由此式，求解得到$\dfrac{1}{2}m\left(\dfrac{\mathrm{d}x}{\mathrm{d}t}\right)^2 = -\dfrac{1}{2}kx^2 + C$。这里，$C$为常数。

因此，得到下式：

$$\frac{1}{2}m\left(\frac{\mathrm{d}x}{\mathrm{d}t}\right)^2 + \frac{1}{2}kx^2 = C$$

上式与用能量守恒定律获得的结果相同。

习题4　两个振动的合成x为：

$$\begin{aligned}
x &= x_1 + x_2 = A\cos(\omega t + \alpha_1) + B\cos(\omega t + \alpha_2) \\
&= A\cos\omega t\cos\alpha_1 - A\sin\omega t\sin\alpha_1 + B\cos\omega t\cos\alpha_2 - B\sin\omega t\sin\alpha_2 \\
&= (A\cos\alpha_1 + B\cos\alpha_2)\cos\omega t - (A\sin\alpha_1 + B\sin\alpha_2)\sin\omega t
\end{aligned}$$

由上式可见，振动的合成应是简谐振动，可写成如下形式：

$$x = C\cos(\omega t + \beta)$$

式中，

$$C = \sqrt{A^2 + B^2 + 2AB\cos(\alpha_1 - \alpha_2)}, \quad \beta = \arctan\frac{A\sin\alpha_1 - B\sin\alpha_2}{A\cos\alpha_1 + B\cos\alpha_2}$$

习题5　如果设求解的速度为v(m/s)，由动量守恒定律有$(M+m)v = MV$，求解得出$v = \dfrac{MV}{(M+m)}$ (m/s)，则有运动周期为$T = 2\pi\sqrt{\dfrac{(M+m)}{k}}$ (s)。

如果振幅设为A(m)，由振动中心的最大振动速度$v = A\omega$ (m/s)以及角速度$\omega = \dfrac{2\pi}{T}$ (rad/s)，则有振幅为：

$$A = \frac{v}{\omega} = v\frac{T}{2\pi} = \frac{MV}{M+m}\sqrt{\frac{M+m}{k}} = \frac{MV}{\sqrt{k(M+m)}} \text{ (m)}$$

另外，应用机械能守恒的关系也能推导出此答案。在速度为0时，弹簧的压缩量最大，则：

$$\frac{1}{2}kA^2 = \frac{1}{2}(M+m)v^2 \text{ (J)}$$

所以　　　　　　　$A = v\sqrt{\dfrac{M+m}{k}} = \dfrac{MV}{\sqrt{k(M+m)}}$ (m)